初級設計者のための

実例から学ぶ
プラスチック
製品開発入門

大塚正彦 著

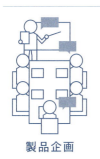 

製品企画　　　　　材料選定　　　　　製品設計

金型　　　　　　　製品

日刊工業新聞社

はじめに

　プラスチック製品は、日常生活で欠くことができなくなっています。身の回りをみても、TVなどをはじめとした家電製品、肌身離さず持っている携帯端末などの電子機器、プロジェクター、コピー機などの事務機器、医療機器、自動車部品などさまざまなところで使われています。

　これらプラスチック製品は、例えば、飲料容器はブロー成形、食品トレイは圧空・真空成形、携帯端末のプラチック部品は射出成形など、さまざまな製造方法で製作されています。

　生産量、製品形状、使用するプラスチックの種類などによりプラスチック製品の製造方法が異なりますが、射出成形法によりプラスチック製品を製作する方法が主流です。

　このように多岐に亘って使われているプラスチック製品において、例えば、一般消費者向け製品は、小型・軽量、デザインが良く、価格も安く、かつ高品質であることが重要なポイントになります。

　一方、自動車部品などの工業用製品は、機能・性能、高品質などの信頼性が重要です。昔は、価格が多少、高くても問題になることはありませんでしたが、最近では価格も安いことが求められています。

　このような顧客の要求に迅速に対応するためには、プラスチック製品品質の70〜80％を決定する製品設計品質の完成度を高めなければなりません。そのためには、最低限、①プラスチック材料の選定、②製品設計、③金型設計・製

はじめに

作、④成形、の４つの要素技術に関する知識が不可欠です。

　筆者は1980年以降、一貫して、プラスチック製品開発に関わる、製品設計、金型設計・製作、成形生産技術開発、プラスチック材料評価に携わってきました。大手電機メーカ在籍時は、プラスチックを使用した電気製品で使用するプラスチック部品設計、金型設計・製作、プラスチック製品の生産技術開発、プラスチック材料の評価などを主に担当してきました。

　大手電機メーカのプラスチック製品の生産技術開発部門在籍時、コーポレートデザイン部、デザインセンタ、社内５事業部門、社外の研究開発企業、協力メーカとの協業により、産業機器・通信機基地局向けの『密閉式冷却装置』を開発・製品化しました。

　筆者は、プロジェクトサブマネージャーとして参加して、製品企画、デザイン検討、製品設計、試作品製作・評価、射出成形金型設計・製作、成形加工、量産試作、量産各開発工程において、主に製品企画、デザイン検討、製品設計、試作品製作・評価を担当しました。

　本書は、プラスチック製品設計経験が１～３年程度の初級技術者向けに、プラスチック製品を開発する上で失敗しないために、各工程で必要となる検討内容、失敗事例と対策について、『密閉式冷却装置』の開発事例を交えて開発時の注意点を紹介します。

　また、プラスチック製品開発の全体の流れが理解できますので、製品設計技術者以外に、デザイン関係者、金型メーカ、成形メーカ、材料メーカの関係者にも必携の書になることを期待します。

　製品を市場に投入して顧客に受け入れられるには、（１）製品企画、（２）設計試作、（３）量産試作、（４）量産、の工程を経て、顧客満足（満足＞価格）

が得られることが必要です。

　さらに、クレーム情報収集、迅速な対応を行うための（5）サービスも重要です。

　本書では、製品の開発に不可欠な（1）製品企画～（4）量産の各工程において、検討・決定すべき内容、注意点に関して、『密閉式冷却装置』の開発事例を参考にして概要を紹介します。

　製品開発プロセス、各工程において検討すべき内容は、個々の企業により異なることがあるため、必要最低限の内容に止めましたのでご了承いただければ幸いです。

　最後に、発刊にあたり、株式会社アイ電子工業、国際技術開発株式会社、NEC、日刊工業新聞社の出版局書籍編集部　阿部正章様には大変お世話になり感謝申し上げます。

目　次

はじめに　　　1

第1章　製品企画

1．1　製品開発フロー……………………………………………………8

1．2　他社製品の動向調査………………………………………………14

1．3　市場動向調査………………………………………………………15

1．4　商品仕様・ターゲット顧客決定…………………………………16

1．5　販売戦略の決定……………………………………………………39

1．6　販売・利益計画の作成、進捗管理………………………………40

1．7　販促ツール作成、検討……………………………………………41

第2章 製品設計

2. 1 プラスチック材料選定時の注意点
   （材料特性データの収集と分析） ……………………………… 43

2. 2 材料の最終選定 ………………………………………………… 45

2. 3 基本設計 ………………………………………………………… 57

2. 4 詳細設計・生産設計 …………………………………………… 107

第3章 試作・評価

3. 1 試作 ……………………………………………………………… 120

3. 2 試作サンプル …………………………………………………… 134

3. 3 評価 ……………………………………………………………… 135

目 次

第4章 生産準備

4.1 生産に必要な治具・工具の準備 ……………………………… 152

4.2 部品組み立て設備の準備 ……………………………………… 159

4.3 作業手順書の作成、準備 ……………………………………… 159

4.4 検査基準書、限度見本サンプル ……………………………… 160

4.5 部品成形・組み立て …………………………………………… 161

4.6 部品検査／検収、組立 ………………………………………… 167

4.7 梱包仕様書 ……………………………………………………… 170

第 5 章 生産

5. 1　量産試作 …………………………………………………… 171

5. 2　量産 ………………………………………………………… 181

参考文献 ……………………………………………………………… 186

おわりに ……………………………………………………………… 187

第1章 製品企画

● 1.1 ● 製品開発フロー

　新製品を開発する際の"製品企画〜量産"のプロセスでは、さまざまな部門との連携によりモノづくりを行う必要があります。

　また、設計データなどの情報の共有化も不可欠です。これら情報の流れ、各部門の担当区分がどのような形になるかを図1.1に示します。

　企業などによっては、業務内容と担当部門、あるいは開発フローが異なることがあると思いますが、一般的な流れとして理解いただければと思います。

　プラスチックは、食品容器、家電製品、自動車などあらゆる製品、場所で使用されています。一般消費者向け製品に限らず、産業機器でもさまざまな個所で使用されています。

　既に市場で販売されている製品は、消費者が欲しいと考える機能、性能を持っており、購入したいと考える価格です。長期間、同じ製品を使用していると、"このような機能、性能が欲しい"、"さらに安い価格の製品が欲しい"など、新たなニーズがでてきます。

　主に、企業で製品開発を担当する製品設計技術者は、このように目に見えない顕在化した消費者のニーズを、より早く満足していただける"形"に具体化

※DR：デザインレビュー
設計部門内や設計部門と製造部門、資材部門、営業部門、などその他の部門が必要に応じて設計案、検討案について、それぞれの立場から評価し、意見を述べる機会です。

1.1 製品開発フロー

プロセス	営業	設計	生産技術	製造	品質保証
企画	市場調査（品質、仕様等） ↓ 製品企画 ↓ 　　　　　製品企画DR※ ↓ 　　　　　要求品質、技術課題の確認 ↓ 　　　　　開発計画の立案 ↓ 　　　　　開発計画DR ↓ 　　　　　事業化レベル判断				
設計 試作／評価		基本設計 ↓ 　　　基本設計DR ↓ 詳細設計 ↓ 　　　詳細設計DR ↓ 　　　試作・組立・評価 ↓ 　　　認定			
生産準備			工程設計 ↓ 工程設計DR ↓ 設備設計・製作 ↓ 量産試作・評価 ↓ 認定 ↓ 初期流動管理 ↓ 生産移行DR（製品評価・製品認定）		
生産			初期生産DR（量産流動評価） ↓ 生産		

図1.1　製品開発フローと各部門の役割

第1章 製品企画

して消費者に提供することが重要です。
　このように厳しい市場環境のなかで、消費者ニーズにタイムリーに応えていくためには、プラスチック製品設計経験が1～3年程度の初級技術者は、上司から指示された内容の業務を確実に処理することのみに終始するだけでなく、"森を見て木も見る"ことが必要です。
　本章では、消費者に満足いただけるプラスチック製品を、高品質で安く、早く、市場に提供するために、製品の骨格部を決定するプロセスについて説明します。

　本書では、以下に記載する理由で『密閉式冷却装置』を事例として引用紹介します。
　①複雑な曲面形状でも金型があれば簡単に製品を製作することができること
　②樹脂単独では熱伝導性などの機能を発現することができませんが、添加物を含有することで付加機能を確保することが可能なこと
　③製品設計と金型設計の関連、部品の組立性容易化について理解し易いこと

　次に『密閉式冷却装置』の概要を以下に示します。
　『密閉式冷却装置』は、NC工作機械、工業用ロボット、屋外設置の制御盤、例えば、携帯電話通信基地局の制御盤内部の冷却装置としての採用を想定して開発したものです。
　外形寸法を図1.2、外観を図1.3に示します。この製品は装置内部の高温の空気を装置の外部に強制的に排出せずに、装置の内部と外部を区切るプラスチック壁の熱伝導を利用して、装置内部の高温の空気の熱交換を行って冷却する構造になっています。
　従来の冷却装置は、装置内部の高温空気を回転ファンにより装置の外に強制的に排出する構造であるため、回転ファンの停止時は装置の外から流入する粉じん、水滴が装置内部に汚れとして蓄積されます。そのため性能低下や故障の原因にもなり、頻繁にメンテナンスを行う必要がありました。

1.1 製品開発フロー

　本書で事例紹介します『密閉式冷却装置』は、制御装置などの装置内部と外部を区切る"プラスチック製の隔壁空洞"に高温の空気を流して熱伝導により冷却するとともに、装置内部の空気のかく拌によって装置内部を冷却します。

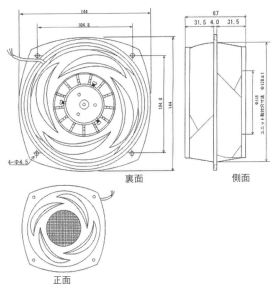

図1.2　外形寸法

図1.3　外観

第 1 章　製品企画

　従来の開放型冷却装置を使用した製品（ノートパソコン）、ならびに内蔵している冷却装置を**図1.4**、**図1.5**に示します。

図1.4　ノートパソコン冷却部（従来型）

図1.5　冷却装置（従来型）

　また、本書で事例紹介します『密閉式冷却装置』の基本的な冷却原理を**図1.6**に示します。

1.1 製品開発フロー

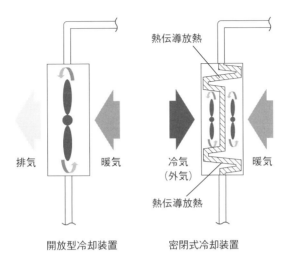

図1.6 開放型冷却装置、密閉式冷却装置の原理

新たに開発した『密閉式冷却装置』の冷却原理のイメージ図を図1.7に示します。

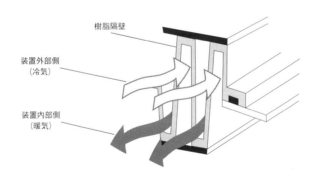

図1.7 密閉式冷却装置の基本的な冷却原理

● 1.2 ● 他社製品の動向調査

　他社製品の分析を行い、性能を重視しているのか、機能を重視しているのか、また自社で開発する製品の位置付けはどこになるのかを確認します。

　図1.8にポジショニングマップを示します。

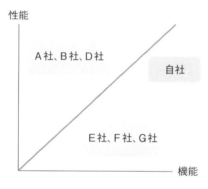

図1.8　ポジショニングマップ

・現状の冷却装置の問題点

　従来、図1.9の冷却装置使用設備には、NC工作機械、工業用ロボット、屋外設置の制御盤などが挙げられます。

　冷却には、図1.6（左）の開放型冷却装置が使用されています。

　事務機器のプロジェクターも開放型冷却装置が使用されており、装置の後方からモーターが回転してファンを回す際に生じる大きな音とともに熱風が吹き出してきます。デスクトップパソコン本体でも同様な現象があります。

　開放型冷却装置を使用している制御盤などは、使用していない時は、装置の外部から粉じん、水滴などが簡単に侵入するために故障の原因になります。

　現状、制御盤などの比較的大きな機器の冷却には、主に開放型の冷却装置を使用しています。粉じん、水滴などの装置内部への侵入によるトラブルの防止のためにフィルターが装着されるため、フィルターのメンテナンスが必要にな

ります。このような装置では、メンテナンスフリー化、さらには、機器の小型軽量化も求められるようになっています。

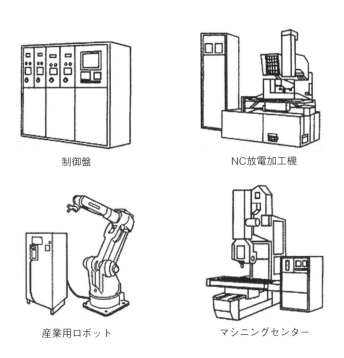

制御盤　　　　　　　NC放電加工機

産業用ロボット　　　マシニングセンター

図1.9　冷却装置使用設備

● 1.3 ● 市場動向調査

　例えば、他社から既に開発、市場で販売されている製品に対して優位性を持った製品を開発する場合、生産量の推移などから市場規模の把握を行います。
　製品重量・価格の推移などについては、例えば民需電気製品であれば、家電量販店で店員の方からの情報収集、カタログデータの確認などを行います。
　これにより、どのような製品がどの程度販売されているのか、現状のニーズの把握が可能となります。
　一方、市場にはない新たな特徴を有する新製品を開発する場合は、後述しま

す特許調査などが有効な手法になります。あるいは、各種展示会などからの情報収集、分析結果から得られる情報が有益です。

● 1.4 ● 商品仕様・ターゲット顧客決定

どのような機能、性能の製品を開発するのか、また、大きさ、重量、デザイン、価格の決定、どのような購買層を狙うのかを明確にします。

民需量販製品※でデザインがあれば、電気製品量販店に出向き、意見をヒアリングすることも大切です。機能、性能が明確になっていれば、デザインのみに限定せず、併せて顧客の機能、性能に対する必要性について確認することも重要です。

(1) アイデア創出・原理試作評価

『密閉式冷却装置』の開発に際し、電子機器の内部での発熱を外部に放熱するよう、プラスチックの隔壁を介して装置内部と外部の温度差から熱交換する小型軽量な熱交換装置の開発を前提にアイデア出し、とりまとめを行っています。

このアイデアをもとに製作した原理試作機を図1.10、図1.11に示します。

試作機は、基本原理は装置内部の高温空気をアルミ素材の熱伝導を利用して装置外部の冷気との熱交換により冷却する方式です。

原理試作機で熱交換が可能か否かの確認を行い、図1.12の最終型にまとめました。

※一般消費者向け製品、例えば、携帯端末であれば、デザイン（形、色、感触、使い勝手）が良く、他社にはない機能があって簡単に使えるなど。どのような年代なのか、男性、女性なのか、を決定します。

1.4　商品仕様・ターゲット顧客決定

図1.10　原理試作機No1

図1.11　原理試作機No2

図1.12　原理試作機（最終形）

（2）特許調査、出願検討

①特許調査

　特許の調査は、新たに製品を開発する際は非常に重要です。すでに他社などで特許登録されている場合は、開発する製品の機能、構造などと類似している内容があると特許侵害※する可能性があり、開発を行うことができません。

※特許権を保有する企業、出願人との間で特許の実施権料などを支払えば開発・販売は可能になることがあります。

また、特許出願されている場合は、出願後、1年半経過時に公開されます。
　従って1年半の間は出願内容を確認することができず、公開時に他社などが先行開発していることが判明することもあります。そのため、常に技術開発動向について傾向把握することが非常に重要です。

②出願検討
　他社の特許の請求内容を十分に調査した上で、類似内容が無いことが確認できたら特許出願を検討します。
　特許出願前に、例えば学会、技術レポートなどで発表すると特許出願はできなくなります。
　特許出願の約1年半後に出願内容が公開されます。その際、出願した内容について他社などから異議申し立てがされることがあります。
　この異議申し立てされた内容に関して問題がないことを証明、説明出来れば、所定の手続きを経て特許登録となります。登録済特許は20年間有効になりますが、毎年維持費用を支払う必要があります。
　アイデアのみ、あるいは、試作評価レベルで終了した内容を基に特許出願登録して他社が模倣できないように防衛特許化しても、維持費用の支払いもあるため必ずしも得策ではありません。特許による権利化を行わずに、ノウハウ化して技術を公開せずに製品化する方法もあります。
　しかし、他社が特許出願、登録すると、ノウハウ化した技術を使用した製品を開発することが出来なくなります。従って、出願については社内で慎重に検討する必要があります。
　『密閉式冷却装置』は、1997年3月31日に出願して、1年半経過後の1998年10月23日に公開され、2004年7月9日に登録されました。
　特許登録番号－3574727になります。
　参考に明細図の一例を図1.13、図1.14に示します。

1.4 商品仕様・ターゲット顧客決定

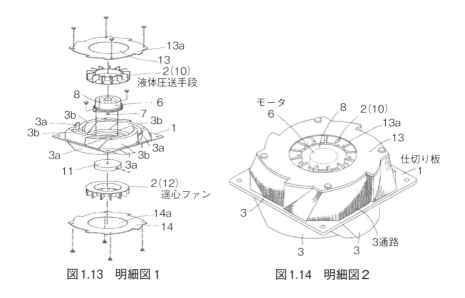

図1.13 明細図1　　図1.14 明細図2

（3）自社開発技術の優位性・位置付の確認

　1.3市場動向調査、1.4商品仕様・ターゲット顧客決定などの情報から、自社開発技術、製品の位置付けを行います。

　他社技術が先行している、製品化が近い、市場に出ているなどの情報を得た場合、開発の中断、断念なども検討する必要があります。

　一方で、製品企画のなかでは、これから開発する製品以外に、前述しました市場動向調査、他社製品動向の確認結果から、継続的に開発する製品の企画案の検討作成も必要です。

　そのためにも、自社開発技術の優位性・位置付の確認を客観的に行うことが必要です。

　身近に実感できる他社製品の技術開発動向は、市場に出たての製品を購入して"ティアダウン"を行うことによりおおむね推測可能です。

　設計思想、適用技術の分析、次期製品に適用されると考えられる技術内容の測を行う必要があります。

第1章　製品企画

"ティアダウン"※を行う際の着眼点、ならびに事例を示します。

1）デザイン
　①形状
　②外観、仕上げ
2）大きさ
3）重量
4）部品構成
　・部品点数（メカニカル部品、プリント基板、バッテリー、プラスチック部品など）
5）部品の実装・組立構造
6）部品の組立性
7）概算コスト

詳細は、**第2章　製品設計**の項で紹介します。

事例（ビデオカメラ）

①BATT（バッテリー）ロックレバー部　：一般構造調査

バッテリーロックレバー部を分解した状態、ならびに部品構成を**図1.15**に示します。プラスチックは、カメラキャビティⒶ'バッテリーロックレバーⒶですが、機構が理解できます。

※ティアダウン：自社製品と競合する他社製品を実際に入手し、細部の部品まで分解して、自社製品の技術力やコストについて比較分析し、他社のよいところは取り入れてコストダウンを図る手法です。品質差別化の観点からも有効な手法です。

1.4　商品仕様・ターゲット顧客決定

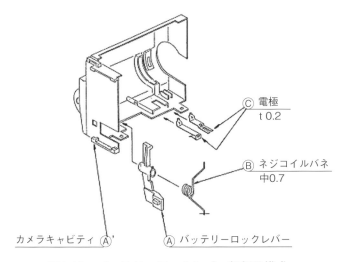

図1.15　バッテリーロックレバー部部品構成

②ビューファインダー部　：回転機構調査
　Ⓐは難燃ABS使用。Ⓑは、ビューファインダーのスムーズな回転を実現するために摺動性が良好なPOMを使用。

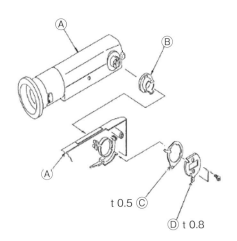

図1.16　ビューファインダー部部品構成

第 1 章　製品企画

　『密閉式冷却装置』は、制御装置などの装置内部と外部を区切る"プラスチック製の隔壁空洞"に高温空気と冷気を流して熱伝導により冷却するとともに、さらに僅かですが熱伝導性を有するガラス繊維を含有したプラスチック隔壁を介して熱伝導により装置内部を冷却するという他社製品にはない優位性ある技術を適用した製品です。

　製品の特徴を次に記します。
　１）密閉式制御盤の熱対策に最適
　　制御盤を密閉した状態で熱交換が可能ですので、粉じん、水滴等から制御盤内部の電子部品を守ります。
　２）軽量・コンパクト
　　ファンの内部フィンと外部フィンを１つのモーターで駆動しますので小型化が可能です。
　３）粉じん、屋外でも使用可能
　　防水性能にも優れているので屋外での使用にも適しています。
　４）メンテナンスフリー
　　フィルターを使用しないのでフィルターの目詰まり等の心配がありません。
　５）用途展開が可能
　　"制御盤"に限らず、外部からの粉じん、異物混入を嫌うスペース（例：クリーンルーム等）の熱対策としても使用可能です。

（４）要求性能の確認

　優位性ある開発技術で製品化する時に、検討、実現しなければならない概略仕様（強度、寸法精度、外観、機能、２次加工、使用環境、防水・防じん性）について記します。
　環境が悪い工場内、屋外で使用するためには、どのような劣悪な環境にも左右されずに、安心して使用できる製品でなければなりません。

1）強度

　定量値での明確な指定（例：曲げ強度 − ○○（N）以上）はありませんが、屋外での使用を想定して、異物の衝突により割れが発生しない、あるいは、モーターの回転による一定振幅の繰返し応力を受けても疲労破壊しない耐疲労強度が高いこと。

2）耐候性

　携帯端末の基地局で使用する場合は屋外に設置されることから、長期間、紫外線を浴びますが、これに耐えることが必要になります。

3）寸法精度※

　制御装置の所定位置に高精度に取り付けができ、防じん、防水性が確実に確認できる寸法精度が良好な製品であること。

4）外観

　本製品は主に制御盤などの産業機器に使用しますが、デザインコンセプトである、"ラウンドシェープデザイン（丸型）"、"渦巻きイメージデザイン"を実現しなければなりません。

　プラスチック製品の外観品質で問題になるヒケ（製品表面の窪み）、ウエルド（プラスチックの流動の合せライン）、ショート（プラスチックが未充填）、光沢不良などがないこと。

　また、外観面にネジが見えるのもデザイン品質を低下させることにもなるため、部品の組み立てにも、極力、ネジを使用しないこと。

（5）機能

　『密閉式冷却装置』の企画時に設定した機能、また、制御機器などに組み込んで使用される環境を想定した条件での信頼性試験を設定して試験を実施して問題ないことを確認する必要があります。

※寸法精度不良の場合、制御盤と冷却装置の取り付け部の間に防じん、防水対策としてOリングを挿入しますが、完全な密閉状態が確保できないことがあります。

主要機能を以下に記します。
1）熱交換能力：4（W／K）、循環風量：0.61（m^3／min）
2）連続動作時間（時間）：30,000（時間）【25倍加速試験で10万時間相当の試験】で問題ないこと。
3）ON／OFF繰り返し（回）：10,000（回）、問題ないこと。

（6）2次加工

装置の色彩にも関係しますが、プラスチックを射出成形後、塗装、印刷などにより着色するか、あるいは、プラスチック原料自体を着色して企画時に決定した色の製品を製作するかを決定します。

また、部品の組み立て方法として、熱溶着接合、超音波溶着接合、接着剤の使用があります。これら2次加工法から、製品に要求される仕様、コストなどを考えて最適な方法を選択します。

（7）使用環境、防じん、防水性

『密閉式冷却装置』では以下の要求を満たす必要がありました。
1）使用環境
　屋内・屋外で、使用温度範囲は、0（℃）～70（℃）。塩水噴霧試験、環境ガス試験で問題ないこと。
2）防じん、防水性
　IPX3※相当の試験をクリアすること。

（8）小型軽量化

パソコン、携帯端末などの一般消費者向け製品では、他社製品との差別化ポイントを強調するために"業界最軽量重量○○（gf）"以下、厚み"○○（mm）

※IPX3（防雨形）：噴霧水に対する保護を規定しています。各散水口あたり0.07（L/min）の水量で、鉛直方向から両側60°までの角度で10分間散水を行い浸水がないこと。

以下"のような表示があります。

　特に、携帯端末のように常に携行して使用する製品については、小型、薄型、軽量であればあるほど消費者に好まれます。

　しかし、産業機器向け製品でもある『密閉式冷却装置』の場合は性能、信頼性が重視され、製品の重量指定、外形寸法指定はありませんでした。

　しかし、図1.2の外形寸法、重量500（gf）以下を目標に設定して開発を行いました。

　目標達成のために、プラスチックの熱伝導による冷却機能を考慮しつつ、強度を確保できるプラスチック材料の選定、薄肉化による軽量化を重視しました。

（9）デザインの検討

　「形、色」を表現するハードデザインと、「使い易さ、取扱い易さ」を表現するソフトデザインの両者を融合して、具体的な形としてまとめることが重要です。

　一般消費者向け製品では、洗練されたデザインが重要なことは当然ですが、NC工作機械、工業用ロボット、屋外設置の制御盤などの産業機器用途向け製品でもデザインが重要視されるようになっています。

　『密閉式冷却装置』のデザインコンセプトは以下の4点になります。
1）オリジナリティを追究したデザイン
　　密閉式という他に見られない先進的機能を有する"冷却装置"であるため、外観で強調するデザインにしました。
2）ラウンドシェープデザイン（丸型）
　　回転機能を内蔵していることから、外観から明確に判るデザインとしました。
3）渦巻きイメージデザイン
　　中央から外周にかけて気体が放流される"渦巻き"のイメージを前面にデザインしました。デザインを図1.17、図1.18に示します。
4）換気の汚れが予想されるため暗色の色彩を選定しました。

第1章　製品企画

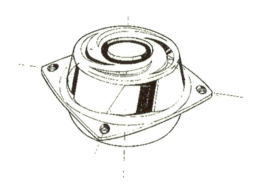

図1.17　デザイン

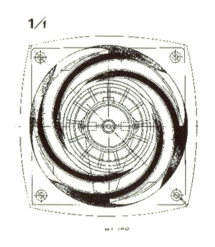

図1.18　デザイン

　『密閉式冷却装置』の場合、人々に目に触れることは殆どないため、デザインよりは機能、性能が重視されます。しかし、他社製品との差別化ポイントを訴求することで選定購入の際の動機付けになります。
　他方、一般消費者向け製品で、屋外で使用する製品の場合、常に多くの人々の視線に触れるため、オリジナリティのあるデザインが重要視されます。

1.4　商品仕様・ターゲット顧客決定

デザインで陥りがちな失敗

■ モノづくりができない、魅力のないデザインを行う

　3Dプリンターによるモノづくりが浸透しつつあるなか、3Dデータがあればどのような複雑な形状（例：複雑な曲面形状など）でもモノづくりができます。

　図1.18のデザイン形状全体をプラスチックで製作は可能ですがこれでは高品質、完成度の高い製品になりません。

　"奇抜過ぎる"デザインは容易には受け入れられません。

　基本的な形状の良否について考えてみます。図1.19に示すデザインですが、（改善前）は、形状には角部があり、また、金型から成形品を取り出すために必要な"抜き勾配"がついていません。

　このため手触りが悪く、金型から成形品をスムーズに取り出すことができません。図1.20（改善後）は、手触りを良くするために、小さなR形状を付けるとともに、金型から成形品がスムーズかつ安定的に取り出すことができるように、"抜き勾配"をつけています。

　モノづくり、特に、プラスチック成形、金型についての知識があると、初期のデザイン作成段階で、高品質、完成度の高いデザインが可能になります。

第1章　製品企画

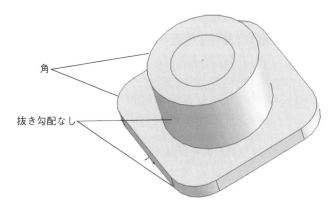

図1.19　デザイン（改善前）

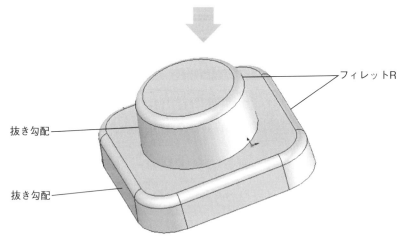

図1.20　デザイン（改善後）

（10）工法

　プラスチック製品の製作工法は、射出成形をはじめとしてさまざまな工法があります。参考にいくつかの工法の紹介、ならびに特徴について説明します。

1）熱成形

概要

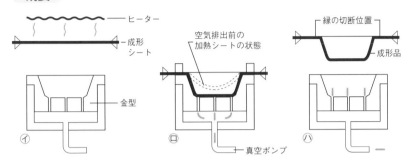

　熱可塑性樹脂のフィルムやシートを加熱・軟化させ、これを目的とする形に加工する方法です。これには、真空や圧空を利用する方法、プレス型を利用する方法などがあり、成形品の形状に応じて使い分けされています。

　プロセスは次のようになります。

（イ）シートを加熱・軟化します。
（ロ）成形用の型にセットして真空ポンプで型とシート間の空気を排出します。
　　　この時の吸引力によってシートを型へ密着させ冷却硬化します。
（ハ）硬化後、エアーを逆に流し成形されたシートを離型します。
　　　最後に、縁の不要部分の切断を行います。

特徴

・少量～大量生産の対応が可能です。量産の場合はアルミ型、少量生産の場合は樹脂型などが使用されます。
・複雑な形状および高い寸法精度が要求される成形品には不向きです。
・二次加工が多いため、製品コストが高いです。
・設備費は他の成形法に比較して安価です。
・使用材料：ポリスチレン、ABS、アクリル、ポリエチレンなどの熱可塑性樹脂。

2）圧縮成形

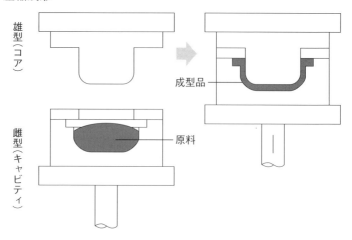

<概要>

　比較的カサの大きい原料を使用して、これを圧縮し成形します。はじめに、加熱された金型のキャビティにあらかじめ計量された成形材料を投入して、これを油圧にて押上げコアと合せて加圧します。

　成形材料は、この加熱・加圧により流動状態となり金型内に充填すると同時に化学反応を起こして硬化します。

　最後に金型から成形品を取り出し、バリ仕上げを行います。

<特徴>

・比較的機構が小規模で設備費が安価なため少量生産に適します。
・金型も安価で制約が少ないです。
・成形サイクルは長いですが、形状は比較的単純で大型の物の製作が可能です。
・使用材料：エポキシ、フェノール、メラミン樹脂などの熱硬化性樹脂。

1.4 商品仕様・ターゲット顧客決定

3）ブロー成形

　概要

　押出機より押出された熱可塑性樹脂の溶融チューブを金型にはさみこみ、チューブ内に空気を送り、その圧力によって金型の内壁へ向って材料を膨らませます。そのままの状態で硬化させて目的の形状を得る方法です。主にビン状の中ふくらみをした薄肉成形品の製造に用います。

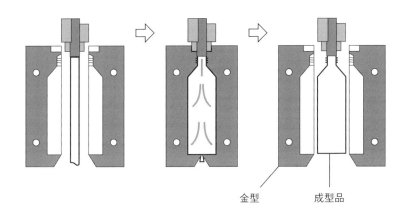

　特徴

・薄肉成形ができます。
・低コストで成形品ができます。
・成形サイクルは短く、肉厚も比較的均一な成形品ができます。
・使用材料：ポリエチレンが圧倒的に多く、他にポリカーボネート、ポリプロピレン、ナイロンなどの熱可塑性樹脂です。

　以上、3つの工法を紹介しましたが他にも多くの成形工法があります。これらの工法の中から、顧客に満足いただける品質、価格のモノを、タイムリーに安定的に供給できる工法の選択が重要になります。

(11) 構想設計

デザイナーが作成したスケッチ図、デザイン図をもとに、製品性能を実現するために必要な電気・電子部品、メカニカル部品の組み立て性などを考慮して、部品構成の決定が必要になります。専門用語として"型割"と呼ぶことがあります。

部品構成を決定する段階で特に検討が必要な項目を以下に示します。
1) デザイン性を損なわない
2) 部品組み立ての容易化
3) 金型構造の簡素化、製作の容易化

1) ～3) 項について事例を参照して説明します。

1) デザイン性を損なわない
　図1.21のBOXデザインを2部品に分割する場合のパターンを図1.22に示します。
　また、図1.23は2部品を合わせるラインを変化させた場合を示します。

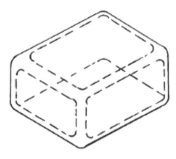

図1.21　BOXデザイン

1.4 商品仕様・ターゲット顧客決定

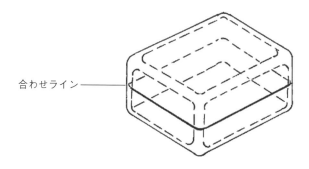

図1.22　2部品分割

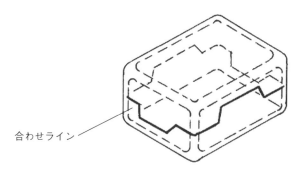

図1.23　分割のライン変化デザイン

　図1.22の場合は、ストレートラインで部品分割しているため、2部品を合わせた時、筐体外観の印象はシンプルなイメージになります。
　図1.23のように部品の合わせラインを変化させることでイメージが変わることが分かります。
　ただし、合わせラインを変化させることは金型の製作工数も多くなるため価格アップとなります。

2）部品組み立ての容易化
　次に、性能、品質の確保を実現することを考慮して決定した部品組み立て構成を図1.24に示します。

第1章 製品企画

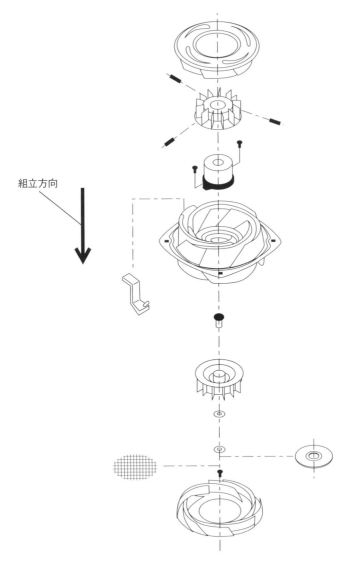

組立方向

図1.24　部品組み立て構想

部品は、基本的に一方向からの組み立てが可能な部品構成にしました。

1.4 商品仕様・ターゲット顧客決定

3）金型構造の簡素化、製作の容易化

アンダーカット※（36P参照）形状の削減、もしくは低減することが可能であれば、金型にアンダーカット構造を設ける必要もなくなります。さらに、製作時の金型部品の仕上げ・調整の手間も省けることになります。

図1.25〜図1.27にアンダーカット形状を変更した事例を紹介します。

デザインに影響する可能性もあるため、修正の際にはデザイナー、営業など関連部門と整合を図る必要があります。

金型によるモノづくりの基本は、図1.25に示しますキャビティ、コアが上下方向に分離して成形品が製作可能なことです。

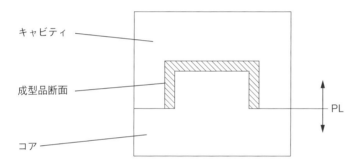

図1.25　成形品成形の基本原理

しかし、図1.26のように側壁に角穴がある場合、キャビティ、コアの上下方向の開閉では角穴が邪魔になり、図1.25のようなキャビティ、コアの上下方向の開閉では成形できません。

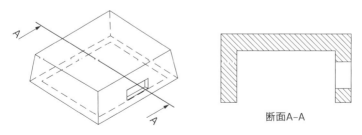

図1.26　側壁に角穴がある設計

第1章　製品企画

ここで改善策の一例を紹介します。角穴を設けた側壁の傾斜角度（抜き勾配）を変えることで、キャビティ、コアの上下方向の開閉で成形が可能になります。図1.27にキャビティ、コアを示します。

・**事例**

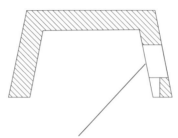

抜き勾配を大きく設定（例：3～5度）

⇩

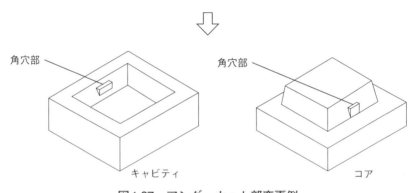

図1.27　アンダーカット部変更例

> アンダーカット：金型を一方向のみで開いた時に成形品が取り出せずに、開く方向と直角方向に金型部品などを作動させなければ成形できない形状を言います。

1.4 商品仕様・ターゲット顧客決定

■ 品質不良を生じるデザインを行う

　製品企画会議のなかで決定したデザインについて、イメージが異なるなどの理由で、デザイナー自身の"感性"で細部を変更してしまうことがあります。

　細部の場合、基本の製品コンセプトには影響はないと考えるデザイナーもいますが、決定したデザインを変更する場合は、関係者（含む責任者）の同意を得なければなりません。

　最近は、モノづくりの知識を持ったインダストリアル・デザイナーがモノづくりを考えたデザインをすることが多く、トラブルになることが少なくなっていると思います。

　一方で、モノづくりのことを重視するあまり、"モノづくりのための制約条件"を考慮しすぎたために"洗練されたデザインができない"といったことも聞きます。

　新人、あるいは経験が浅い製品設計者は、"モノづくり"の知識、経験が不足しているため、デザイン形状に疑問を持たずにCADを使用して設計（製図）を進めますが、"モノづくり"を十分に意識して形状確認を行う必要があります。

　デザイン図から、"モノづくり＋品質"を考慮して部品の肉厚を変更した一例を示します。**図1.28**のデザイン図で製品の外観イメージは分かりますが、製品の『顔』になる『密閉式冷却装置』前面のプレート部品を本体に隙間なく密着させること、製品の強度向上対策として部品肉厚を厚くしました。

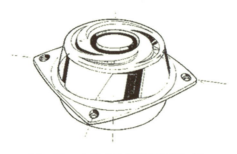

図1.28　密着式冷却装置デザイン

　試作段階では、**図1.29**のプレート側面の肉厚を薄くしましたが、強度向上などのために、**図1.30**に示すように肉厚を厚くしました。**図1.31**にプレートを組み立てた状態を示します。

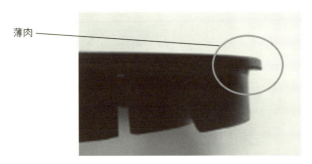

図1.29　プレート（修正前）

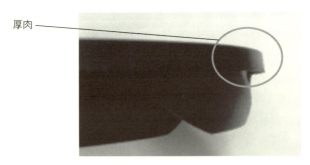

図1.30　プレート（修正後）

1.5 販売戦略の決定

図1.31　プレート組立状態

● 1.5 ● 販売戦略の決定

（1）販売時期

電化製品などの一般消費者向け製品では、購買者の購入時期は、経済環境にも影響されますが、ボーナス支給時、新年度スタート時期（4月）などのタイミングがあります。販売時期は、他社に市場を奪われないためにも絶対に厳守しなければなりません。

（2）販売促進策

テレビ、新聞、雑誌などのマスメディアやチラシなどによりメッセージを伝えます。あるいは販売員による対面販売活動、新聞社、テレビ局などの第三者機関で取り上げてもらいます。

・販売計画

　図1.12の『密閉式冷却装置』開発前の原理試作時点で、ほぼターゲットユーザーは決定していたため、新たに市場調査は実施しませんでした。

　冷却装置は、工作機械メーカ、工業用ロボットメーカ、各種産業装置、屋外設置の制御盤などに搭載されるため、基本的には受注生産ですが、本装置は開発段階で電力会社からサンプル受注がありました。

　また、本製品開発に参加している1事業部門から、自部門製品に250（台）

第1章　製品企画

搭載することが決定していました。
　2015年6月時点で販売実績は6,000（台）になります。

● 1.6 ● 販売・利益計画の作成、進捗管理

　企業では、年間計画、中期計画（3年間の事業などの計画）を作成しますが、製品の販売・利益計画も最低3年後までの作成が不可欠です。
　例えば、販売台数計画、売上高計画、および利益計画作成が必要です。詳細には、製品の製造原価、販売管理費などの諸経費・管理費用も考慮した損益計画が必要になります。
　販売・利益計画作成時点で利益がマイナスでは製品を開発することはできません。綿密かつ十分な調査を行い、"利益の確保が出来る"とした計画でも、景気動向に左右されて想定外の結果になることがあります。
　年間計画必達のために、月単位の月次計画を作成して販売・利益計画に対する実績確認を行います。
　当初作成した売上計画に対して、大幅なマイナスが継続、例えば、1年間マイナスが継続するような場合は、製品販売、生産を中止する決断も必要になります。
　さらに、製品にもライフサイクル（導入期、成長期、成熟期、衰退期）があります。市場に出てから時間が経過するにつれて販売価格は確実に下がります。

　一方、コスト（製造原価）は改善しなければ下がることはありません。販売価格の低下比率以上のコストダウンを実現しなければ利益は減少し、逆転することにもなりかねません。
　このような背景もあるためコストダウンに関しては不断の追求が必要です。

1.7 販促ツール作成、検討

● 1.7 ● 販促ツール作成、検討

　事業化レベル判断で認定されれば、この段階で製品カタログ、あるいは製品仕様書の検討を行います。

　一例として、密閉式冷却装置の製品カタログを図1.32に示します。

　次工程の製品設計、試作・評価を行うなかで、評価データをもとに各性能値の決定を行い仕様書に展開していきます。

出典：アイ電子工業（株）

図1.32　製品カタログ（初版）

第2章 製品設計

　製品設計の完成度は、製品のQ（品質）、C（コスト）、D（納期）の70～80（％）を左右すると言っても過言ではありません。
　この設計の完成度をいかにして高めるかが重要なポイントになりますが、そのためには、"モノづくり"に関する知識が必要です。

　製品設計は、「第1章　製品企画」で検討、決定した内容を踏まえて、具体的な"形"にする活動になります。
　スケッチ図、デザインイメージを"形"にするなかで、製品の性能、機能を実現しなければなりません。品質の良い設計を行うためには、最低限、使用する材料、製品の製作方法についての知識が必要です。

　ここでは材料選定の進め方、ならびに、モノづくりの基本の方法でもあり、プラスチック製品製作のメインの工法である射出成形法、射出成形金型の基本的な内容について理解を深め、具体的な製品設計業務との関連について事例紹介を交えて説明します。

　プラスチック材料の選定について勉強しましょう。プラスチック材料であれば、何を使用しても良い訳ではありません。製品を使う環境（温度、湿度など）を考えて、材料を選ばなければ、使用している時に製品が壊れたり、時にはケガをしたりすることにもなります。
　このようなトラブルを避けるためにも、十分に検討して材料を選定すること

が必要です。

ここでプラスチック材料を選定する時の注意点について検討内容を記します。

2.1 プラスチック材料選定時の注意点
（材料特性データの収集と分析）

　第1章で述べましたが、射出成形で製作するプラスチック製品には、外観を重視するハウジング部品、プラスチック材料の主な特徴でもある低熱伝導率、絶縁性、軽量などの特徴を活用した部品、例えば、ギヤなどの機構部品があります。

　プラスチック製品に使用するプラスチック材料の選定に際して、確認すべき内容を以下に示します。

（1）使用条件（温度、使用環境）
　製品を使用する時の温度、湿度、また、製品を使用しない時に保管する場所の温度、湿度など。

　　1）使用環境　　：屋外（日光、雨、ほこりなど）、光（紫外線、放射線）、
　　　　　　　　　　ガス（腐食性ガス、水蒸気、高温蒸気など）、
　　　　　　　　　　液体（水、洗剤、油、薬品など）
　　2）使用温度　　：最高および最低温度（常時、異常時、屋外、屋内など）
　　3）荷重　　　　：常時負荷する荷重、最大荷重、最小荷重
　　4）荷重が負荷するタイプ：静的、動的、繰り返し、衝突、落下

（2）特性
　特性としては以下の項目がありますが、製品の使用条件を考慮したうえで、重視すべき項目について比較検討した後、材料を選定する必要があります。

1）機械的特性　：剛性、引張り強度、耐衝撃性、耐摩耗性など
2）熱的特性　　：荷重たわみ温度、熱変形温度
3）化学的特性　：耐溶剤性、耐酸性、耐アルカリ性、耐油性など
4）電気的特性　：耐電圧、誘電率、体積固有抵抗など
5）耐劣化強度　：耐候性、腐食性
6）規制　　　　：難燃性、毒性など

　機械的特性は、製品に加わる重量、あるいは、誤って床などに落とした際に製品に衝撃力が負荷しますが、これらの機械的特性に関わる内容になります。
　実際に製品を使用する時に必要になる強度と、材料メーカーが公表する物性値の相関関係は不明なことが多く、物性データで選定することはリスクが伴うこともあります。

（3）外観と精度

　製品の外観面の出来栄え（光沢が必要か否かなど）、あるいは、2部品を合わせた時に、合わせた個所で段差が出ないかなど。

1）外観：透明度、光沢度、色彩
2）精度：加工精度、熱膨張、成形収縮率など

（4）成形性

　プラスチックの流動性（流れ易さ）が良いか。

1）成形加工性
2）材料入手容易性

（5）使用実績

　材料メーカーから標準材料として販売され、製品に使用されているか、使用

されている場合、使用量は多いかなど。

過去に開発されたプラスチックを使用した製品の事例を参考にすることも選定の指針になります。

(6) 価格

特殊グレード、例えば導電性材料などはカーボン繊維を含有する必要があるため材料価格は高くなります。

また、非常に厳しい寸法精度（例：製品寸法公差で±0.02mm）等が要求される場合も、射出成形時の材料の収縮が小さいことが望ましく、低収縮グレードの使用が前提になります。従って、価格の高い材料を使用することになります。

以上、（1）〜（6）で説明しました製品で必要とされる条件を確認した後、この条件を満足する、あるいは満足できる可能性のあるプラスチックを選定しなければなりません。

そのためには、各々のプラスチックが持つ物性データの収集、検討が必要になります。

● 2.2 ● 材料の最終選定

使用するプラスチック材料の候補選定が終わった後、材料メーカーに相談して材料の絞り込みを行います。絞り込んだ材料を入手して実際に成形を行い、成形性の確認、成形品の評価を行い、材料を決定することが重要です。

材料メーカーから公表されている物性データなどは、試験片を製作して測定したデータであるため、あくまでも特定条件下での特性値です。

部品の肉厚、形状要素が加わった場合、公表されている特性値とは差異が発生することがあります。

材料特性（熱変形温度、引張強度）他記載例を図2.1に示します。

第2章 製品設計

名称	熱変形温度 (℃)	引張強度 (kgf/cm²)	特徴		用途
ポリエチレン (PE)	54	390	・安価 ・高周波特性良好 ・耐薬品性良好	・成形収縮率が大きい	
ポリプロピレン (PP)	60 【149】	390 【1020】	・安価 ・屈折曲げ疲労に強い(ヒンジ効果) ・高周波特性良好	・成形収縮率が大きい	・冷蔵庫のインナーカバー
塩化ビニル (PVC)	77	530	・透明 ・耐薬品性良好 ・耐候性良好	・硬質、軟質がある	・ボストンバック
アクリル (PMMA)	99	770	・透明性良好 ・耐候性良好	・割れやすい	・筐体の透明部品
ABS	103	530	・全ての性質が良好、バランスが取れている		・筐体類 ・ツマミ
ポリスチレン (PS)	104	840	・透明度良好	・油、溶剤に弱い ・傷つき易い	・歯ブラシの柄 ・鉛筆のケース
ノリル (変性PPO)	129 【149】	680 【1200】	・耐衝撃性良好 ・高周波特性良好 ・難燃性 ・耐水性良好	・耐溶剤性が劣る	・筐体 ・水道メーターケース
ポリカーボネート (PC)	141 【149】	670 【1760】	・耐衝撃性良好 ・強度がある ・寸法精度良好	・繰返し荷重に弱い ・薬品に弱い	・コネクタ

出典：NECプラスチック筐体技術設計マニュアル入門編

図2.1 主なプラスチック材料の材料特性

『密閉式冷却装置』の樹脂選定時において、使用環境などを検討した結果を図2.2に示します。

2.2 材料の最終選定

特性	特性項目	必要度
機械的特性	剛性、引張り強度、耐衝撃性、耐摩耗性	○
熱的特性	荷重撓み温度熱伝導性など	◎
化学的特性	耐溶剤性、耐酸性、耐アルカリ性など	○
耐劣化強度	耐候性、耐腐食性	―
規制	難燃性、毒性など	◎
外観	透明度、光沢など	―
精度	加工精度、収縮率、熱膨張率など	○
成形性	成形加工性など	○
実績	製品適用実績	○

◎：重要、○：普通、―：どちらでも良い

図2.2 密閉式冷却装置の樹脂選定項目

図2.2の確認結果を踏まえて、PPE/PS + GF10（ポリフェニレンエーテル／ポリスチレン＋ガラス繊維）を候補材料として選定しました。

材料メーカとコンタクトを取り、製品適用の適用可否を検討した後、PPE/PS + GF10を採用することに決定しました。PPE/PS + GF10の物性を図2.3に示します。

『密閉式冷却装置』の場合、樹脂製隔壁の熱伝導も利用して工作機械などの制御盤内部の熱交換を行う方式のため、熱伝導性を有する樹脂を採用する方針でした。

しかし本製品開発時は熱伝導性を有する樹脂は市場に殆どなく、新たに開発する時間もないため、樹脂（例：ポリエチレン）に比較して約2.5倍の熱伝導率を有するガラス繊維を含有した樹脂を採用しました。図2.4に主な素材の熱伝導率を示します。

"PPE/PS + GF10" の特徴を以下に示します。

【特徴】
・広い温度範囲で剛性、耐衝撃性、耐疲労性等が安定しています。

第2章 製品設計

項目	試験方法	試験条件	単位	ガラス繊維強化V-0 GN10
添加物			GF	10%
物理的性質				
密度	ISO1183	—	g/cm^3	1.17
吸水率	—	23℃, 水中	%	0.06
レオロジー特性				
メルトボリュームレイト	ISO1133	測定温度 測定荷重	cm^3/10min ℃ kg	6 300 2.16
成形収縮率 (3.2mmt)	—	MD	%	0.2-0.4
		TD		0.3-0.5
機械的特性				
引張弾性率	ISO 527-1	23℃	MPa	4500
降伏応力	ISO 527-2			—
降伏ひずみ			%	—
破壊呼びひずみ				—
50%ひずみ応力			MPa	—
破壊応力				83
破壊ひずみ			%	2.5
曲げ強さ	ISO 178	23℃	MPa	140
曲げ弾性率				4300
シャルピー衝撃強さ ノッチなしシャルピー強さ	ISO 179-1, 179-2	23℃	kJ/m^2	—
シャルピー衝撃強さ ノッチ付きシャルピー強さ	ISO 179-1, 179-2	23℃	kJ/m^2	7
熱的特性				
荷重たわみ温度	ISO 75-1, 75-2	1.80MPa 0.45MPa	℃	120 127
線膨張係数	ISO 11359-2	MD	1/℃	4.50E-05
		TD		7.50E-05
燃焼性	UL94	0.75mmt	—	V-0
		1.5mmt	—	—
		2.0mmt	—	
		2.5mmt	—	
		3.0mmt	—	5VA

出典:三菱エンジニアリングプラスチックス(株)

図2.3 PPE/PS＋GF10の物性

- 絶縁性に優れ、誘電率、誘電正接が低いので、電気的用途に安心して使用できます。
- 吸水率が小さく、強度的にも安定しています。
- 荷重たわみ温度が高く、熱処理による物性低下も小さく、熱安定性にも優れています。
- 自己消火性であり難燃性に優れていますので、電気機器の用途に最適です。
- 材料自体が難燃性（UL94 - V0）です。
- 比重が小さいので経済的で軽量化が可能です。
- 成形収縮率が小さく成形条件の影響を受けにくいので、精密成形に適しています。
- 離型性と流動性が良く、成形温度範囲が広いので成形が容易です。

材料	熱伝導率（単位：W·m-1·K-1）
ガラス	1
アルミニウム	236
鉄	84
ポリエチレン	0.41
エポキシ樹脂	0.21
空気	0.0241
カーボンナノチューブ	3000〜5500

図2.4　主な素材の熱伝導率

材料選定で陥りがちな失敗
- 使用条件、要求特性を十分に把握できずに誤った材料を選定する
- 必要な知識の不足

・失敗しないプラスチック材料選定のポイント
　・一般消費者向け携帯型電気・電子製品で使用する材料

第2章 製品設計

　TV、洗濯機などの家電製品は屋内で使用することが多く、環境面では室温、湿度の確認が重要です。また、実際に使用する時に注意するポイントを以下に記します。

①TV
　電子部品などからの発熱で温度が高くなるので、特に夏の室温の確認が必要です。
　窓際に設置した場合、屋外から日光が直接、長期間当たる場合、劣化しやすくなります。また、薄型TVの枠は殆どがプラスチックですが、物が衝突した際に"キズ"がつかない、欠けないために、硬度、耐衝撃性が必要です。
②洗濯機
　設置されている場所の室温、湿度の確認が必要です。衝撃に強いことなどが挙げられます。
③携帯型電気・電子製品
　屋内、屋外など使用する場所を限定しない携帯型電気・電子製品は、環境面では、苛酷な条件下での使用を想定しなければなりません。温度、湿度、万一、落下した際も想定し、耐衝撃性、さらには、防塵・防水性などが要求されます。

・産業機器などの製品で使用する材料
　自動車部品、携帯電話基地局、製品搬送トレーなど、屋外、屋内を問わずに使用する製品。

①自動車部品
　温度、湿度ともに苛酷な条件下で使用されるため、耐熱性、防湿性、耐候性などが必要です。
②制御機器
　防じん性、防水性、耐衝撃性などが必要です。

2.2　材料の最終選定

■ 高品質の外観を可能にするためには

　軽量、小型化が進むにつれて金属の樹脂化が行われていますが、高強度、高剛性などの機械的特性値が要求されます。

　そのために、樹脂にガラス繊維、カーボン繊維などを添加する必要がありますが、成形時に成形部品の表面に、ガラス繊維、カーボン繊維などが現れやすくなります。

　製品の外観面に光沢が要求される場合は、これらの材料を使用することは困難です。しかし、昨今の成形技術の進展もあり、ヒート＆クール成形法などにより、外観面に光沢面を得ることが可能になっています。

　また、強度が必要ない場合は、光沢グレード樹脂の使用、金型表面の鏡面ミガキ、金型表面のメッキ加工、塗装などの二次加工により、高品質な意匠面を実現することができます。

　材料自体の特性としてガスが発生しやすい樹脂があります。このような材料を成形すると、成形品の表面にガス成分が現れるために光沢不良になることがあります。

　改善対策としては、第4章の生産準備で説明しますが、金型設計、成形条件面で改善する必要があります。

　一例として、金型表面にNi（ニッケル）メッキ処理して成形した時のサンプル写真を図2.5に示します。

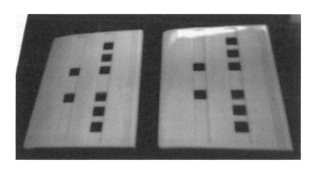

図2.5　Ni（メッキ）処理した金型の成形品（材料：ABS）

第2章　製品設計

■ 高強度、高寸法精度を確保するためには

　強度向上、高寸法精度を狙うには、プラスチックにガラス繊維、カーボン繊維などの混合、あるいは、他樹脂とのアロイ化による物性の改良手法があります。

　材料価格アップ、成形性が難しくなるなどの問題はありますが、金属代替による軽量化、部品点数削減などによる性能向上、コストダウンなどの効果が得られます。

　上市されている樹脂から選定する以外にも、樹脂の改質・改良により、要求仕様をクリアすることも可能になりつつありますので、材料メーカと密にコンタクトを取り、カスタムグレードの開発検討も必要です。

　プラスチック部品を製作する時に使用する樹脂（ペレット：黒色）を図2.6に示します。

図2.6　樹脂（ペレット）

　導電性を有するプラスチックが必要な場合は、カーボン繊維、ケッチェンブラック※というカーボン粒子を混入します。カーボン繊維を混入した場合

※ケッチェンブラック：導電性カーボンブラックで、性能の優秀さ、品質の安定性が高く、プラスチック・ゴムなどに混練りすることで、従来のカーボンブラックに比べ少量の添加量で同等の導電性を付与できます。

は、収縮率を小さくすることも可能ですが色は黒色になります。

　また、カーボン繊維自体の価格が高いため、カーボン繊維などを混合した樹脂価格も高額になります。

■ 環境に配慮したプラスチック材料を使用するには

　昨今の環境保全意識の高まりもあり、環境適合性材料の選定、あるいは使用が望まれています。基本的にプラスチックは燃えやすいために、製品によっては燃えにくい性質が必要とされることがあります。

　このために、プラスチック材料の中に難燃剤を混ぜることがあります。しかし、難燃剤には環境に対して悪影響を及ぼすと言われているリン系難燃剤などがあります。

　現在は安全性を優先してこれら難燃剤の代替難燃剤を使用しています。

　また、最近では、植物由来の原料から製造したプラスチックがあり、製品適用が徐々に行われていますが、現状は化石燃料をメインとした樹脂材料の使用が主流です。

　現状は、依然として化石燃料から製造した樹脂を使用するのが主であり、製品廃棄後の取り扱いまで十分に配慮した上で材料選定、設計されているとは言い難い状況にあります。

　成形製作の段階で、プラスチック成形品には不要となるランナー、ゲートの有効活用策として、粉砕機で微小な大きさに粉砕後、所定量をバージンのプラスチック材料と混合して成形材料として使用する場合があります。

　基本的に、新製品開発に関しては、製品寿命が尽きた後の製品廃棄時の処理までを事前に想定して、プラスチック材料の選定、製品設計を行うことが大切です。

　例えば、リサイクル（再資源化）、リユース（再利用）、リデュース（使用量抑制）対策があります。

　マテリアルリサイクル対応が販売戦略に影響すると考えても良いでしょう。

第 2 章　製品設計

　　大手企業では、自社廃棄製品の回収ルートの確立、材料メーカとの協業による回収材料の改良・改質も対応可能です。このような条件の下、プラスチック再生材使用検討も進んでいますが、中堅、中小企業で自社製品を開発される場合は、プラスチックのリサイクルを意識した材料選定が必要です。

プラスチックのリサイクル方法は、おおむね以下の方法が挙げられます。
1）材料を直接再利用するマテリアルリサイクル
2）原料化や油化により再利用するケミカルリサイクル
3）燃焼により熱として回収するサーマルリサイクル

　　ここでは、1）材料を直接再利用するマテリアルリサイクルについて、概要、ならびに事例を紹介します。

1）材料を直接再利用するマテリアルリサイクルには、概ね2つの方法があります。
　①成形の都度、不要になるランナー、スプルを再生使用するために、分別容器に回収後、粉砕して所定量をバージン材料に混合して成形材料として使用します。成形品と同一の色になるような管理が必要です。
　　本来は不要になるランナー、スプルを材料のグレードごとに分別回収して、図2.7に示すように、粉砕材20～25（％）をバージン材に混合して再生材として、再度、成形時に使用します。
　　再生材の物性などの評価・検証を行い、大きな物性低下がなければ使用しても問題はありませんが、粉砕剤は、一度、高温溶融して成形しているため熱履歴が加わり、色調に厳しい外観部品の場合は、再生材の使用に関しては十分な検討が必要です。このように、成形工程内で排出されたランナー、スプルを粉砕して再生材化、成形時に使用することは企業の責任で実施できますが、使用可否については、再生回数、初期の物

性の低下の有無など十分な検討が必要です。

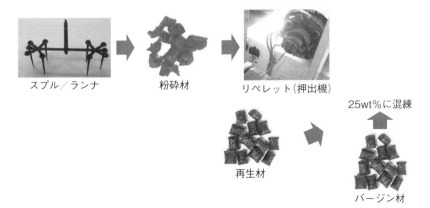

図2.7　スプル・ランナーリサイクルプロセス

② 成形品の外観には出ない内部に、ランナー、スプルを粉砕した材料を充填して、外観面はバージン材料で覆って成形品を製作する方法があります。

　サンドイッチ成形法と呼びます。図2.8に成形法、図2.9、図2.10に成形品の断面イメージを示します。

　廃棄製品の廃棄材料を外観に現れない成形品内部に多く使用することで、リサイクル率が高まります。

　再生材使用比率を高め過ぎると、外観面に再生材が露出することがあるため、適正比率での使用が望まれます。

　図2.11の事例では再生材を約40（％）使用しましたが、再生材が外観面に露出することもなく量産化を実現しました。

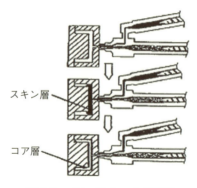

図2.8 サンドイッチ成形法

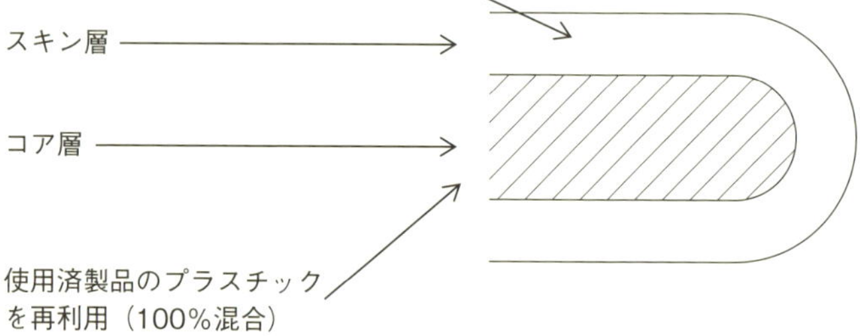

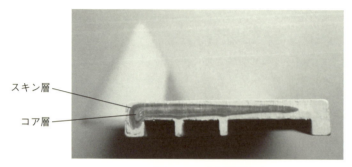

図2.9 成形品断面イメージ（全体平均：35～40％再生材使用）

図2.10 成形品断面

2.3 基本設計

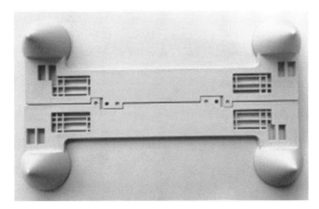

出典：NEC

図2.11 サンドイッチ成形製品（デスクトップパソコン）

　材料の使用に際しては、使用材料に有害物質が含有されていないことの証明書、製品安全データーシート（MSDS）の入手、あるいは、難燃性が要求されている場合は、米国のUL規格（例：難燃性評価基準　UL94[※]シリーズ）、イエローカードの入手も必要になります。

● 2.3 ● 基本設計

　プラスチック製品設計段階における"基本設計"では、製品企画段階で、スケッチ、デザイン図をもとに製作したハードモック（デザインモック：デザイン確認用）、機械部品、電気・電子部品、基板などの組み立て構造を検討しながら部品構成を決定します。
　主要部品であるプラスチック部品は、射出成形金型、射出成形機、射出成形によって製作しますが、特に、製品設計のQ（品質）・C（コスト）・D（納期）

※UL94：UL94で規定する難燃性は、5VA、6VB、V－0、V－1、V－2、HBの6つに分類されます。5VAが高耐燃焼性になります。次に、6VA、V－0の順になります。

57

第2章 製品設計

を左右する射出成形金型の構造の概要、ならびに、製品設計との関係について重点的に説明します。

（1）射出成形金型の基本構造

射出成形で使用する金型の構造は大きく2つのタイプに分類できます。2プレートタイプ、3プレートタイプになります。

詳細は第4章の生産準備で説明しますが、成形品製作の基本原理を**図2.12**に示します。

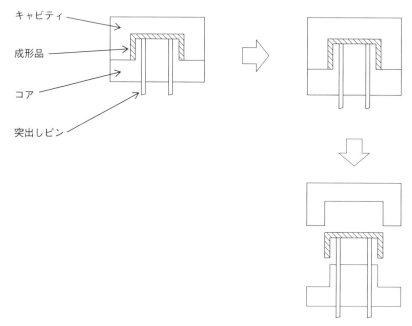

図2.12　成形品製作の基本原理

一例として、2プレートタイプ金型の基本動作を**図2.13**に示します。

2.3 基本設計

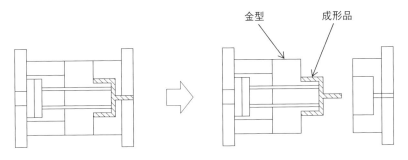

型締め／樹脂充填／冷却　　　　　型開き／成形品取り出し

図2.13　2プレートタイプ金型による成形

3プレートタイプ金型の基本動作を図2.14に示します。

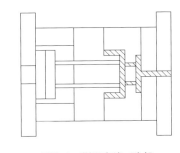

型締め／樹脂充填／冷却

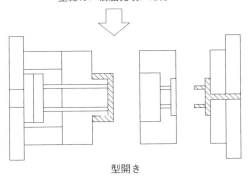

型開き

第2章　製品設計

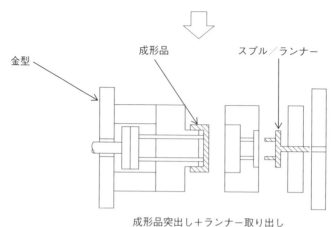

成形品突出し＋ランナー取り出し

図2.14　3プレートタイプ金型による成形

これら2通りのタイプの金型を使い分けて成形品を製作します。
次に金型の設計・製作プロセスについて説明します。

金型設計・製作プロセス

成形品設計図から金型設計・製作までのプロセスの概要を**図2.15**に示します。

①製品設計を行います。丸ボス1個所と、ボスを補強するためのリブ1本を設けました。

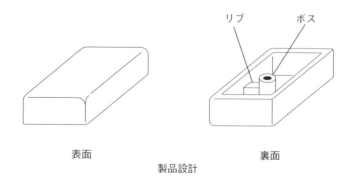

表面　　　　　　　　裏面
製品設計

2.3 基本設計

②成形品設計寸法(最大長さ、最大幅、最大高さ)などを考慮して、金型設計、基本項目を確認しながら金型の構造、使用する成形機などを決定します。

射出成形機の決定
PL(パーティングライン)面の決定
ゲート仕様・位置の決定
加工方法決定
入れ子個所、固定方法の決定
アンダーカットの処理
成形品突出し方法
冷却方法の決定
金型材質、寸法の決定
金型強度の計算
熱処理の有無決定
自動化の有無、対策

金型設計等、基本項目

③金型の主要部品になりますキャビティ(雌型)、コア(雄型)を製作するために、6面仕上げしたブロック素材を購入して、突出しピン穴、部品固定用ボルト穴の加工をドリル、ボール盤などで行います。

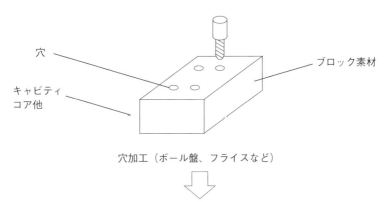

穴加工(ボール盤、フライスなど)

④穴加工が終了した後、汎用フライス盤、NCフライス盤、マシニングセンターでエンドミル（工具）を使用して形状加工を行います。

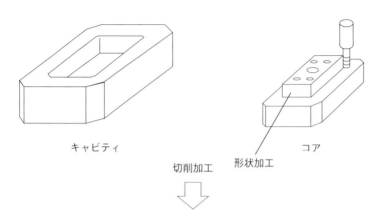

キャビティ　　　　　　　　　　　　　コア

切削加工　　形状加工

⑤エンドミル（工具）で加工出来ない個所、例えば、細いミゾ幅の加工などは、放電加工で対応します。電極（銅、銅－タングステンなど）と、加工する金属に微小なスキマを設けて、その間にスパークを発生させて金属を高温で溶融して加工します。

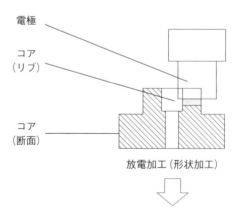

電極
コア（リブ）
コア（断面）

放電加工（形状加工）

2.3 基本設計

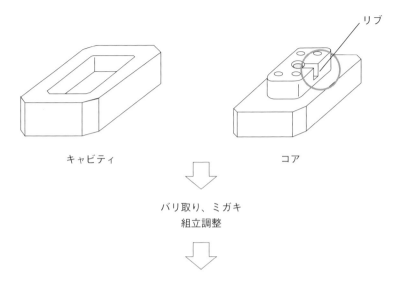

⑥穴加工、形状加工が終了したキャビティ、コアのバリ取り、ミガキが終了した部品をモールドベースと呼ぶ型枠のユニットに組み付けるために、組み付け調整を行います。

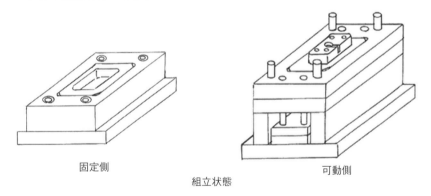

図2.15 金型設計・製作プロセス

以上、図2.15に示すプロセスで金型を製作します。この金型と射出成形機を使用して成形部品を製作します。

次に、射出成形機の外観、構成と射出成形プロセスについて概説します。

第２章　製品設計

（２）射出成形機の構造と役割

　射出成形機全体の外観、構成を図2.16に示します。また、射出成形機には大きく分類すると、金型の開閉動作を行い、金型を型締めする方式として、トグル式、直圧式、２タイプあります。ここでは直圧式成形機の構成について簡単に記します。

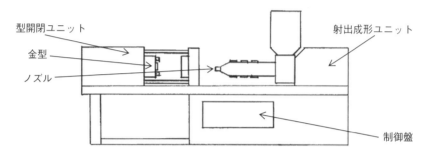

図2.16　射出成形機外観、構成

（３）射出成形プロセス

　射出成形機と金型の概略図を使用して射出成形プロセスを図2.17に説明します。

１）型締

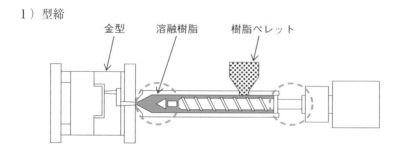

・米粒状の樹脂ペレットをホッパーに投入して、所定の温度に加熱したシリンダー内で溶融します。

2.3 基本設計

2）射出

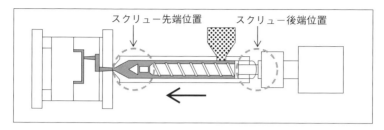

・溶融した樹脂がスクリューで、右から左方向（矢印）、さらに金型内に射出されます。

3）保圧

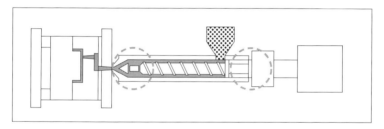

・樹脂特有の成形収縮に伴い発生する体積収縮分を補てんして、その状態を維持するために保圧を負荷します。

4）冷却（可塑化、計量）

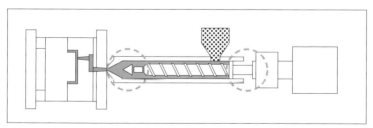

・金型内に射出された樹脂は、金型内に設けられた冷却回路により所定時間冷却して固化します。

5）離型

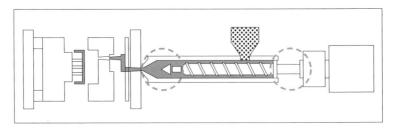

・冷却固化した成形品を金型から取り出します。

図2.17　射出成形プロセス

　以上、プラスチック成形品を製作するために必要な、プラスチック材料、射出成形金型、射出成形機、ならびに、これらを使用した成形法によるモノづくりについての基本を説明しました。

　この内容を踏まえて部品構成の検討を行いますが、特に注意すべき内容について確認します。

部品構成（分割）決定時に主に留意すべき内容
1）デザインを損なわないか（部品分割したラインが発生します）。
2）製品品質に問題ないか。
3）成形性に問題ないか。
4）部品全体の組立性は良好か。

　1）～4）について、以下に、図、および実際の成形品の写真で説明します。

　1）デザインを損なわないか（部品分割したラインが発生します）。

2.3 基本設計

■ パーティングライン（PL）は妥当か。

　金型から成形品を取り出す時は金型を開かなければなりません。この時に、金型は固定側と可動側に別れますが、この別れる部分を分割線、パーティングラインと呼びます。成形品形状によっては、外観面にパーティングラインの跡が付くことがあるため、パーティングラインの設定位置に関しては、次の事項に注意する必要があります。

・可能なかぎり目立たない位置に設ける。一例を図2.18に示します。

PL（パーティングライン以下、PL）を成形品底面に設けると、外観にPLラインは発生しません。

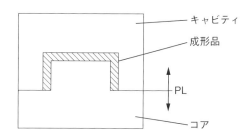

図2.18　標準パーティング設定

・跡仕上げが容易である位置に設ける。
・パーティングラインを複雑に設定すると金型製作も困難になり、コストUPに繋がります。また、パーティングラインからバリが発生しやすくなるため、可能な限り単純化します。成形品形状によっては、パーティングラインが外観に付く場合があります。一例を図2.19に示します。

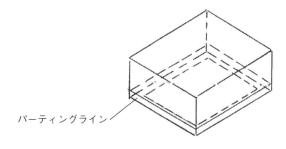

図2.19　外観にPLが発生

図2.19の場合、金型の分割は、図2.20のようになります。

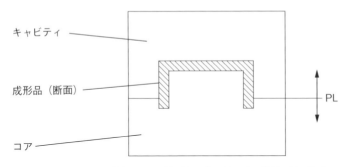

図2.20　外観にパーティングライン発生

成形品底面にR形状が付いている場合、図2.21に示すPL設定が基本になります。この時、成形品側壁にPLが付きます。

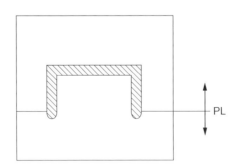

図2.21　成形品側壁にパーティング設定

図2.18、図2.20、および図2.21共に、キャビティ、コアの分離は容易です。ただし、図2.20、図2.21の場合、外観面にパーティングラインが現れます。この場合、デザインとして問題があるか否かを確認しなければなりません。

2.3 基本設計

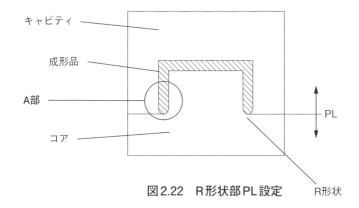

図2.22　R形状部PL設定

成形品側壁にPLが付くのを防止するために、図2.22に示すPLを設定する場合を考えます。A部拡大図を図2.23に示します。

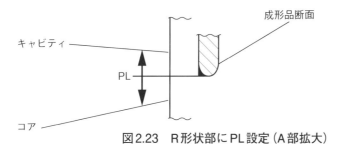

図2.23　R形状部にPL設定（A部拡大）

図2.23では側壁にPLは発生しません。しかし、図2.24の黒色部が、金型から成形品が取り出す時に邪魔になり、取り出しが不可能になります。

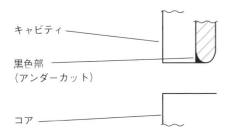

図2.24　キャビティ、コアが型開き状態

以上、PLについて説明してきましたが、PLの設定位置は、外観品質にも影響しますので、設定位置の決定には十分に留意する必要があります。

2）製品品質に問題はないか。

図2.25に示すようにハウジングを2部品に分割する場合、部品の嵌合構造と部品合わせ部の形状を検討する必要があります。

嵌合構造、合わせ形状により外周輪郭部のイメージが異なり触感が変わります。

製品の価値を決定すると言っても過言ではなく、関係者で十分に検討しなければなりません。

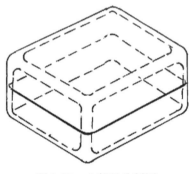

図2.25　2部品分割例

■ 部品合わせパターン例

① 2部品のケースを単純に合わせた場合

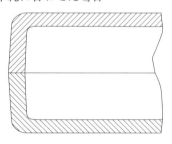

図2.26　単純合わせ

② 2部品のケースの嵌合合わせ

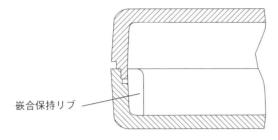

図2.27　嵌合合わせ

パーティングラインとあわせて重要なのが外周輪郭形状です。次に3例を示します。

③輪郭部エッジ

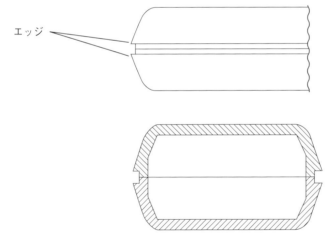

図2.28　輪郭部エッジ合わせ

第2章　製品設計

④輪郭部に垂直面を設けた場合

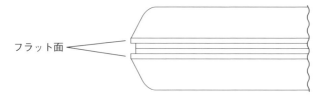

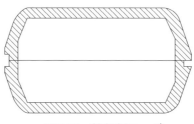

図2.29　輪郭部エッジ

⑤輪郭部エッジ＋垂直面を設けた場合

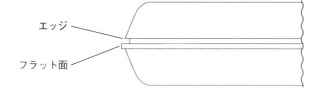

図2.30　輪郭部エッジ

2.3 基本設計

・外観部品間の固定においてネジなどが多用されていないか。ネジを使用する場合でも目立たない設計をしているか。

図2.31に示します原理試作品では表面側に4本のネジ頭が確認されます。
図2.32、図2.33はプラスチック部品とプラスチック部品で溝での嵌合を行うとともに、超音波溶着で部品（フタ）の固定を行いました。
この方法ではネジを使用することがなく、洗練されたデザインになります。

図2.31　ネジによる部品固定例

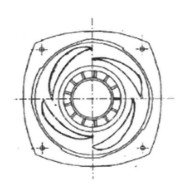

図2.32　超音波溶着による部品固定例

第2章　製品設計

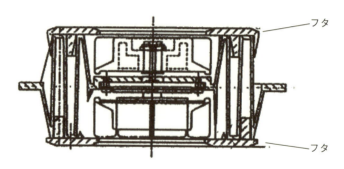

図2.33　密閉式冷却装置（断面）
（ネジ不使用によるフタの固定）

・外観品質に問題はないか。

　成形品品質に関しては、外観問題、寸法問題の大きく2つに分類できます。各々の問題について現象、ならびに原因、対策、留意点を簡単に説明します。

・外観

①ヒケ（くぼみ）

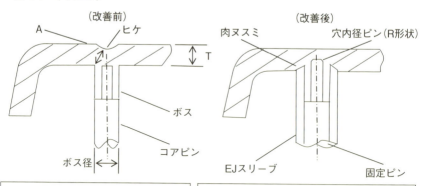

ボス径を成形品の基本肉厚Tと同一にしたため、A部の矢印部が基本肉厚Tより長くなり、A部表面にヒケが発生。

ボス径は成形品の基本肉厚Tの約70～80%程度の寸法に設定することで冷却バランスが均一になりますが、設計制約上で不可の場合、ボス根元に肉ヌスミ形状を追加します。また、穴内径のピン先端長さも長くすると共に先端はR形状にします。

図2.34　ヒケの状態と改善策

ヒケは、樹脂の冷却時間の差により発生します。図2.35に示しますが、肉厚が厚い個所と薄肉個所が混在する時、厚肉部の冷却時間が長くなり、薄肉部が引っ張られる形となりヒケ（くぼみ）が発生します。

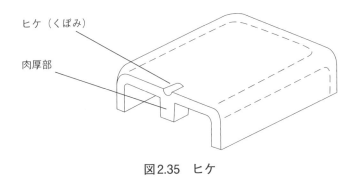

図2.35　ヒケ

【現象】：厚肉部の反対側表面に凹形状が発生する。
【原因】：厚肉部と薄肉部の冷却時間差による収縮違い。
【対策】：肉厚の均一化、ボス、リブ部の肉厚変更。

『密閉式冷却装置』の部品で発生したヒケを図2.36に示します。

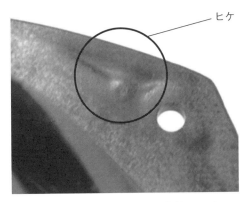

図2.36　密閉式冷却装置本体のヒケ

②ボイド（気泡）

【現象】：厚肉部の内部にボイド（気泡）が発生する。
【原因】：金型に接する面が速く固化して内部の固化が遅れるため。
【対策】：厚肉寸法を薄肉になる方向に変更する。

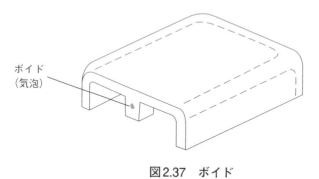

図2.37　ボイド

③バリ

【現象】：金型の合わせ部に薄肉の樹脂形状が発生する。
【原因】：金型の合わせ不良。成形時の圧力が高い。
【対策】：金型の合わせ修正。

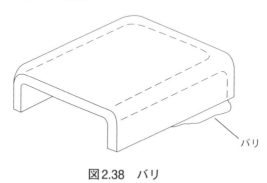

図2.38　バリ

2.3 基本設計

④ウエルド（樹脂の合わせライン）

【現象】：流動した樹脂の合流部に合わせのラインが発生する。
【原因】：樹脂が2方向から流れてきて、最終的に合流する時に発生する。
【対策】：樹脂温度を高くして目立たなくする。金型温度を高めに設定して目立たなくするなど。

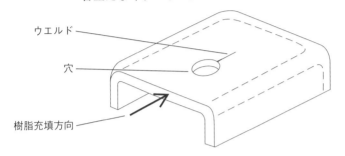

図2.39　ウエルド

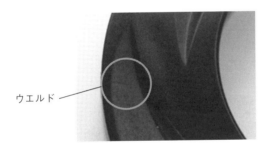

図2.40　ファンフタのウエルド

図2.41　羽根のウエルド

⑤焼け
　【現象】：リブ、ボスなど金型でガス逃げが不十分な場所に、樹脂充填時、エアが圧縮されて高温になることにより樹脂が黒色化する。
　【原因】：金型のガス逃げ不良。樹脂の充填速度が速い。
　【対策】：ガス逃げ構造を設ける。

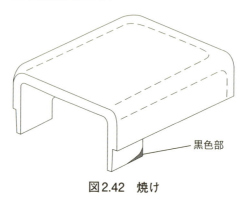

図2.42　焼け

⑥ショート
　【現象】：成形品の薄肉部など樹脂が充填しにくい場所で樹脂が完全に流れない現象。穴が開いたりする。
　【原因】：金型温度が低い。成形温度が低い。射出圧力が低い。射出速度が低い。
　【対策】：金型温度、樹脂温度を高く設定する。射出速度・圧力をUPする。

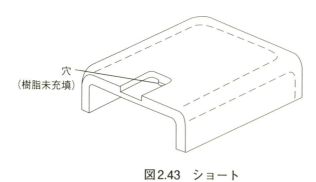

図2.43　ショート

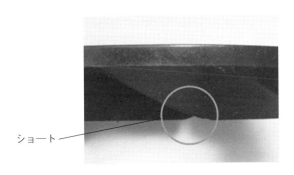

図2.44　ファンフタショート

⑦フローマーク

　【現象】：樹脂の流動跡が発生する。
　【原因】：金型温度・樹脂温度が低い。射出速度が遅い。ゲートが小さく、ゲート数が少ない。樹脂の流動性不足。
　【対策】：金型温度、シリンダー温度を高くする。射出速度を早くする。ゲート数を多くする。

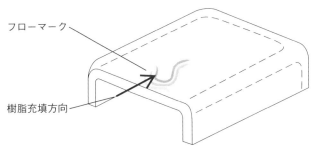

図2.45　フローマーク

⑧そり

　【現象】：図2.46のように変形する。内そり他。
　【原因】：射出圧力が低く、射出速度が遅い。成形品の肉厚変化が大きい他。
　【対策】：成形品の肉厚は均一にする。ゲート位置変更、多点ゲートにする。

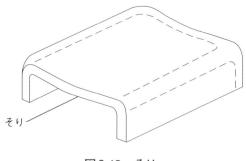

図2.46　そり

⑨ジェッティング

　【現象】：成形品の表面に蛇行した「くねくね模様」が発生する。

　【原因】：キャビティ内に射出された樹脂が猛スピードでキャビティ内を流動し、ゲートと反対側の壁に衝突した後にゲート付近から充填が進行するために発生する。

　【対策】：肉厚に対してゲート径、寸法を大きくします。射出速度を遅くする。

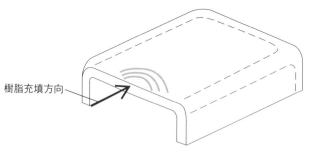

図2.47　ジェッティング

⑩表面光沢

　【現象】：成形品の外観面（表面）に光沢がなくザラツキがある。

　【原因】：樹脂から発生するガス成分が金型表面に付着している。
　　　　　金型のガスベント加工が不十分なためガスが逃げない。
　　　　　金型表面温度が低く転写が不完全。

ガラス繊維含有樹脂の場合、金型表面温度が低いと顕著に表れる。
【対策】：成形途中で、スプレー式洗浄剤で金型表面を洗浄する。
　　　　金型にガスベントを多く設ける。金型表面温度を上げるなど。

光沢NG　　　　　　　光沢OK

図2.48　光沢NG、OK

⑪シボ加工品（バリ）

　外観の意匠を重視する製品、特に民生向け製品がありますが、メッキ、塗装、加飾フィルムインサート成形などの技術が活用されています。

　このような技術以外に、金型の製品部表面に相当する個所にシボ加工を行い、加飾性を創出することがあります。

　ここでは、シボ加工を適用する際の成形品設計上の注意点の一例を図2.49に示します。

【現象】：シボ加工品において、PL（パーティング）面にバリが発生する。
【原因】：PL（パーティング）面に対してR形状で合わせているため、成形
　　　　時の樹脂充填圧でPL面にバリが発生する。
【対策】：成形品形状でPL面と合せる部分には鉛直面を設ける。

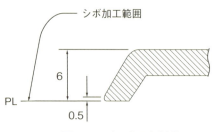

図2.49　シボ不良対策

ここで、実際の密閉式冷却装置でのヒケ防止対策を行った事例を示します。

図2.50に示す肉ヌスミを行い、フタの表面（外観面）にヒケが発生するのを防止しました。表面側の外観を図2.51に示します。

図2.50　リブ肉ヌスミ

図2.51　表面側外観

- ■寸法精度を良くするために
- ・寸法精度確保のための寸法指示

2.3 基本設計

①穴ピッチ寸法

　金型で成形する製品の穴位置ピッチ寸法の精度が要求される場合、固定側（キャビティ）、可動側（コア）で穴を製作すると、固定側（キャビティ）での穴位置加工精度、可動側（コア）での穴位置加工精度によって2個所の穴ピッチ精度が決定されます。

　このように、2部品で精度が決まる場合、1部品の加工精度が悪い時、設定したピッチ精度を確保することはできません。

　一例として、図2.52の成形品断面の2個所穴ピッチの高精度化対策について説明します。

　図2.53に改善前金型構造、図2.54に改善後金型構造を示します。

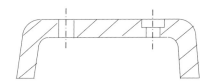

図2.52　成形品断面

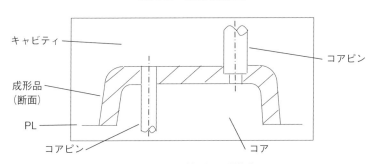

図2.53　改善前金型構造

　成形品に2個所の穴をあけるための2本のコアピンを、キャビティ、コア側別々に組付けることは、穴ピッチ精度は、キャビティ、コア別部品の穴位置の加工精度に依存することになります。

　そのため、図2.53の金型構造では、高精度の穴位置を確保することは困難になります。

第2章　製品設計

このような問題を改善するためには、図2.54に示すように、キャビティ、コアのどちらか一方にコアピンを組み付ける方が、穴ピッチ精度の高精度化は可能になります。

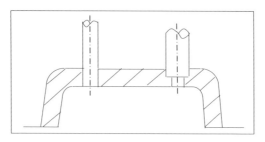

図2.54　改善後金型構造

②そり、平面度

部品の高さ方向の基準になる個所（データムとも呼びます）を3個所指定してこの3個所で基準面を設定します。基準面からそり、平面度が必要な個所を測定します。図2.55に改善前設計、図2.56に改善後設計例を示します。

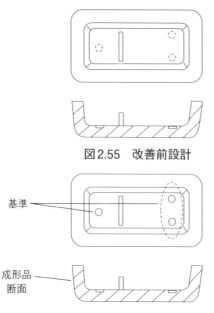

図2.55　改善前設計

図2.56　改善後設計（データム指定）

そり、平面度を測定する場合は、3点でアライメントを設定した後、測定します。そのために、図2.56に示すように、3個所、基準になる場所を設定します。

この3個所については、丸形状であれば直径を決め、凹量も同一深さの値を決定します。

③複数のリブのピッチ寸法

成形品には、金型から取り出し易いように抜き勾配をつけるため、リブの根元、あるいは先端部で測定するのか明確にする必要があります。

製品設計時は、"肉厚"は減少方向で設計するのが基本であり、寸法指示個所はリブ幅の中央が最適です。図2.57に例示します。

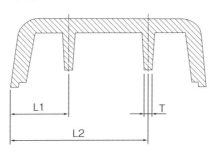

図2.57　リブ寸法指示

■成形性に問題はないか
①離型剤を使用しなくても成形品が金型から簡単に取り出せるか。

設計した成形品形状において、金型に離型剤を塗布しなくても金型から取り出すことができる設計を行う必要があります。根本的対策として、成形品設計時に必ず抜き勾配を付けることが必要です。

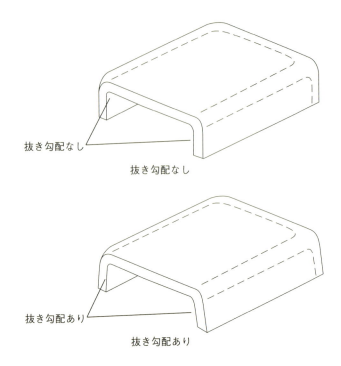

抜き勾配なし
抜き勾配なし

抜き勾配あり
抜き勾配あり

②金型の一方向の開閉で成形品の成形が可能か。

　金型の一方向の開閉で成形できる部品形状の場合は金型製作も簡単で、価格も比較的安価に製作することができます。

　しかし、金型の一方向の開閉で成形できずに、開閉方向と直角方向に駆動する構造が必要となる場合があります。"アンダーカット"（36P参照）形状が存在する場合が該当します。小型薄型化製品が多いなかで、機構部品、電気・電子部品を狭い空間の中に組み込まなければならず、アンダーカット形状は不可欠になっていると言っても過言ではありません。従って、アンダーカット処理構造を持つ金型を使用せざるを得ない状況にあります。

特別な構造が必要なことから金型価格も高くなり、連続して長期間成形する場合、アンダーカット処理部にトラブルが発生するリスクが高くなることを理解しておく必要があります。

そのうえで、アンダーカット処理構造があり、複雑形状の金型を極力、トラブルなく稼働させるための製品設計を行うことが大切になります。

アンダーカット形状例を、**図2.58**、**図2.59**、**図2.60**に示します。いずれも製品を任意断面で切断した状態を表しています。

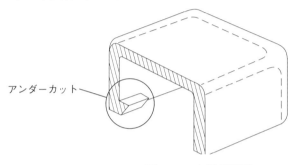

図2.58　内側爪形状

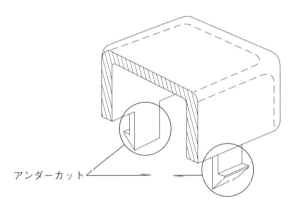

図2.59　スナップフィット

第2章　製品設計

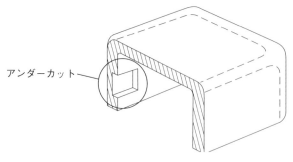

図2.60　内壁切欠き

アンダーカット形状を処理する主な金型構造を図2.61、図2.62に示します。複雑な構造になるため、動作不良、コストなど検討すべき内容があります。

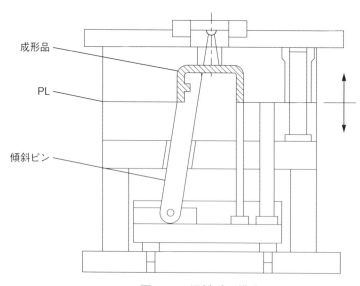

図2.61　傾斜ピン構造

2.3 基本設計

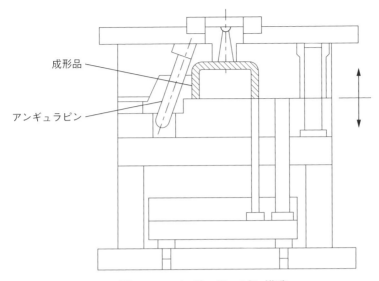

図2.62 アンギュラーピン構造

4）部品全体の組立性は良好か。
・組み立てが簡単（自動化が容易）な構成になっているか。
　自動化が容易な組立性を念頭において、各要素動作分析の検討を行いました。
・動作容易性＝（組み立て工数／部品点数）
・自動化適合判定　⇒　自動化適合率向上
・自動化適合率＝（自動化作業可能部品数／総部品数）（％）（部品数ベース）
・自動化適合率＝（自動化作業可能工数／総工数）（％）　　（工数ベース）
・自動化作業可能部品：自動機の得意とする要素動作
（→　、←　、↓　、§：電動ドライバー）

　自動化容易な要素動作内容と所要工数比較表を図2.63に示します。
　以上の製品組立性の検討結果をもとに、図2.64の装置組立方式を採用しました。

第2章 製品設計

記号	要素動作内容	工数（秒）	
		単純動作	複雑動作
↓	組付部品を上→下移動	1.0	1.5
←、→	組付部品を水平移動	1.3	2.0
§	電動ドライバー	2.0	3.0

図2.63　自動化容易な要素動作内容と工数比較

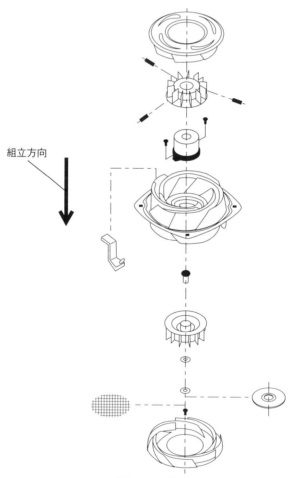

図2.64　装置組立方式

2.3 基本設計

製品設計で陥りがちな失敗

■ 金型、射出成形に関する知識不足のために、金型製作、成形が難しい設計を行う
　・部品品質不良が発生する形状の設計を行う。
　・アンダーカット処理構造が多い部品形状の設計を行ってしまう。
■ プラスチック部品間の組立、電気部品、機構部品との組み立てが難しい
　・各種部品との組み立てが容易にできる構造を考慮せずに設計してしまう。

　この検討結果により部品点数が決まります。その結果、量産で使用する金型数が決定され、部品組み立てに必要な工数も決定されます。すなわち、製造原価ならびに製品の販売価格がおおよそ決定されることになります。

射出成形品設計の主なポイント：基本原則－1

1）抜き勾配をつける
2）肉厚の均一化
3）シャープコーナーを作らない
4）アンダーカットの抜き方法
5）ゲートの種類と位置

　ゲートタイプ別の特徴を図2.65～図2.71に示します。これらの特徴を確認した上で、製品設計した部品に採用するゲートを決定することが大切です。

5）ゲートの種類と位置

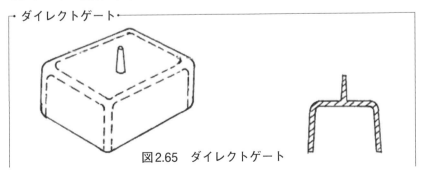

図2.65　ダイレクトゲート

【特徴】ゲート部の二次加工（切断）を行う必要があります。また、切断跡が部品に付きます。
射出圧力が大きく負荷しますので、ゲート周辺に残留応力が残り、クラック（割れ）が発生することがあります。

┌─ サイドゲート ─────────────────────────

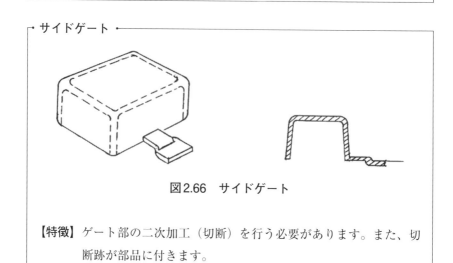

図2.66　サイドゲート

【特徴】ゲート部の二次加工（切断）を行う必要があります。また、切断跡が部品に付きます。

┌─ サイドジャンプゲート ─────────────────

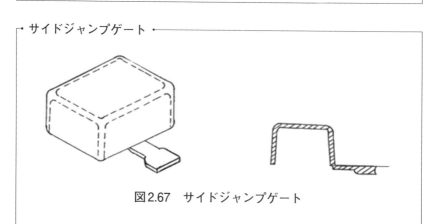

図2.67　サイドジャンプゲート

【特徴】ゲート部の二次加工（切断）を行う必要があります。外観面にはゲート跡は残りません。

> サブマリンゲート

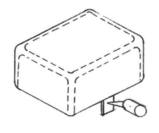 

図2.68　サブマリンゲート

【特徴】ゲート部の二次加工（切断）を行う必要はありません。ただし、不要なリブ、または形状を設けて、当該個所にゲートを設けた場合は、リブ、形状の除去が必要です。

> ピンゲート

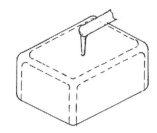

図2.69　ピンゲート

【特徴】ゲート部の二次加工（切断）を行う必要がありません。成形時、金型が開く時にゲートは切断されます。成形後、品質改善のために、ゲートの追加が比較的容易です。

第2章　製品設計

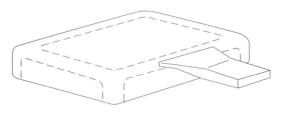

図2.70　ファンゲート

【特徴】ゲート部の二次加工（切断）を行う必要があります。樹脂をスムーズに金型内に充填します。

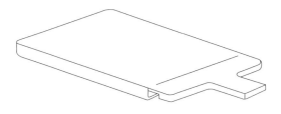

図2.71　フィルムゲート

【特徴】ゲート部の二次加工（切断）を行う必要があります。板状の厚みの小さい成形品に適したゲートです。

（1）可燃性に注意した設計をします。

　　プラスチックは一般に可燃性（難燃グレードはあるが不燃、つまり燃えないグレードはない）で、火を近くで使用する時は注意しなければなりません。

　　炎を出して燃焼する材料もありますが、炎は出さずに煙を出して"くすぶる"材料もあります。

　　昨今、製品の安全性に関わる問題が重視されており、難燃性に関してはプ

ラスチックの難燃規制で対応するケースが多くなっています。
（2）電気絶縁性を活かした設計をします。

　プラスチックは一般に電気絶縁性であるから、この特徴を活かして感電の恐れのない製品をつくることができます。
（3）シャープエッジをなくして強度の大きい設計をします。

　シャープエッジで手を切るといったことはほとんどありませんが、取り扱い方によっては、指を切ることも想定されます。このようなことを避けるために、コーナー部はR形状、あるいはC面形状にすることが望ましいです。

成形品を設計する際のポイント：基本原則－2

（1）用途を明確にして、使用条件（特に、温度、環境）と必要な特性を確認します。
（2）金型の構造を想定して、成形が簡単な形状にします。

　①成形品には、金型から抜けやすいように抜き勾配をつけます。可能な限り、金型を一方向に開いただけで成形品が取り出せる形状にします。

　②金型に弱いところ（細い形状など）がなくてすむような形状にします。
（3）必要な寸法精度が得られる形状にします。

　成形収縮が均等に生じる単純な形状であること、使用する時の荷重、温度の環境下の変形などに注意します。
（4）必要な強度が得られる形状にします。

　肉厚を薄くしすぎないこと、シャープコーナーは設けず、可能な限りRを付けます。
（5）必要な外観が得られる形状にします。

　肉厚の不均一、厚肉によって肉ヒケが起こることがないように肉厚を決定します。
（6）コストダウンの工夫をします。

　成形品の設計のポイントは、金型に大きく影響しています。高品質の設計を行うためには、金型の設計を学ぶことが必要です。

第2章　製品設計

（7）部品点数を削減します。

　　部品のコストダウンに効果があるのが部品点数を削減することです。プラスチック成形品は複雑な形状がワンショットで成形できるため、部品を組み合わせて部品点数を減らす工夫をします。

　　部品点数を減らせば組み立て部品も工数も削減され、品質の安定とコストダウンができます。

（8）インサートを活用します。

　　成形品の強度向上を目的に、樹脂と剛性のある金属をインサートすることで一体化して、成形品全体の強度を確保することが行われています。

　ただし、従来のインサート成形では、金属を樹脂で覆うだけで樹脂と金属を一体化するのみでしたが、昨今、インサートする金属表面に化学処理、レーザー加工により、ナノレベルの微細凹凸形状を設けて、樹脂を侵入させナノレベルでの接合を行う技術確立、製品適用が進んでいます。

　この技術により、防じん・防水機能を実現することが可能となります。ただし、インサート部品のコストが余分にかかるため、インサートの使用については十分に検討する必要があります。

　金型によるモノづくりは、基本的に鋼材を使用して、製品形状を転写加工した金型を使用して射出成形にて行います。

　アンダーカット形状がある場合、基本的な開閉方向とは直角方向になるため、スライド機構という特別な機構が必要になります。このように、モノづくりに不可欠な金型を使用した製作法を知らないと、後述の製作不可能な設計を行い、金型製作段階ではじめて設計に問題があることを知ることになります。

　デザインに関係する外観形状、あるいは、電気・電子部品、機構部品を組み立てる場合、特に注意する必要があります。

2.3 基本設計

高品質外観設計で陥りがちな失敗

・**必要な知識** → **プラスチックで製作できる部品形状**
　　　　　　　　　　ヒケ、ウエルドなどを発生させない設計の基本

・外観品質の良否を左右する設計例：基本肉厚とリブ厚、ボス径の関係
　プラスチック部品は強度確保のために、図2.72に示すようなリブ形状を付けることがあります。例えば外周部の肉厚とリブの厚みの関係を考えずに設計すると、プラスチックの冷却速度の違いで外観に"クボミ"が現れます。
これは"ヒケ"と呼ばれて外観品質不良になります。
　外観部品でない場合は問題になることは少ないのですが、一般消費者向け製品、例えば、携帯端末などの製品の場合はデザインが重視されるため不良になります。

一方、『密閉式冷却装置』のような人目に触れる機会がほとんどない工場内などで使用される製品では、機能、性能に影響がなければほとんど不良になることはありません。しかし、ヒケがない良品を顧客に提供することが大切です。

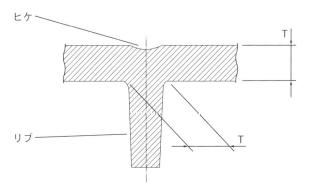

図2.72　ヒケが発生する設計【改善前】

図2.72のようなヒケを発生させないためには、図2.73の肉ヌスミだけでは改善できません。図2.74、図2.75のようにリブ寸法変更ならびに、リブ寸法変更＆リブ・ボス根元に肉ヌスミを設ける方法があります。

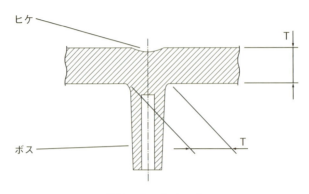

図2.73　肉ヌスミ

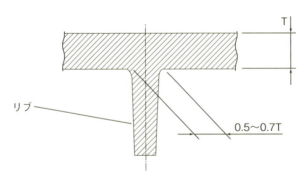

図2.74　リブ寸法変更

2.3 基本設計

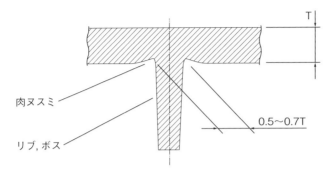

図2.75 リブ寸法変更&リブ,ボス根元肉ヌスミ

成形CAE解析で陥りがちな失敗
■ 金型、樹脂、成形に関する知識不足により、非現実的な成形条件で解析を行う

　最近は、製品設計の構想段階で、プラスチックの流動解析を行い、金型のなかの空間にプラスチックが完全に流れるか、完全に流れた時に反りはどの程度発生するのか、成形品に発生する応力はどの程度なのかなどを事前に確認することが多くなっています。

　解析を行う際には、設計形状の3次元データが必要ですが、解析時に下記入力値が必要になります。通常は、材料メーカが提示する標準の成形条件の値を入力して解析します。
　まだまだ解析結果と実際の結果は、現状、異なることも多いのが実態です。

　解析する時に入力する値は、材料メーカが提示する標準成形条件値を最初に入力して解析します。解析結果、金型内へのプラスチックの充填時間は、2.06（秒）、充填する時の最大圧力は、1109.375（kg/cm^2）でした。図2.76に解析結果を示します。

金型に負荷する強度を下げるためにさらにゲート数を増やして解析を行った結果を図2.77に示します。最大圧力は981.188（kg/cm^2）となり、金型に作用する圧力を小さくすることが可能になると予測できます。

また、金型内への樹脂の充填時間の解析結果を図2.78に示します。

解析は、製品の詳細設計が完了した後に実施しますが、この時点では、解析に必要な入力値は、材料メーカのカタログ値を使用する場合が殆どです。

解析結果と実際の結果が異なることが多い理由として次のことが挙げられます。

①解析時は、材料メーカのカタログ値を入力して解析する。特に、金型温度は、可動側（コア）、固定側（キャビティ）の温度を一定値で入力します。
②成形時は射出圧力、射出速度、金型温度等の成形条件を、成形品の状態を確認しつつ変更します。特に金型温度は、製品形状部内の場所で異なる温度分布を示します。

以上のように、解析時の入力値と実際の成形時の条件値が異なるため、解析結果と実際の結果に差が発生します。

従って、樹脂の充填時間、ウエルドライン発生位置、金型内圧分布予測などのおおよその確認は可能ですが、反り量などの定量値に関しては、精度は参照レベルに止める必要があると考えます。

解析の高精度化を追求するためには、解析時に幾つかの入力値を使用して解析することが必要です。併せて、実際の成形結果との比較検証を行い、データーベースとして蓄積することが解析の高精度化のためには必要です。

2.3 基本設計

■ 充填圧力解析結果

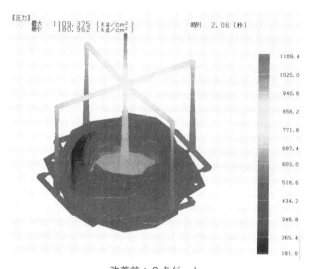

改善前：8点ゲート

図2.76　充填解析結果

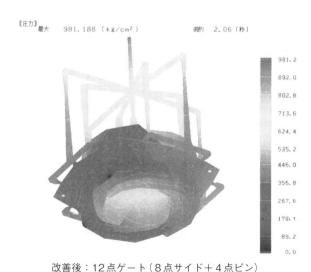

改善後：12点ゲート（8点サイド＋4点ピン）

図2.77　充填解析結果（ゲート追加）

第2章 製品設計

■ メルトフロント解析結果

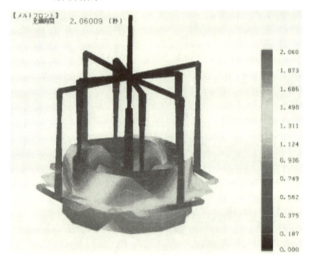

最終：12点ゲート（8点サイド＋4点ピン）

図2.78　メルトフロント解析結果

■ 空気流路解析

　熱交換ファンの場合、空気の流路がどのような流れになるか、空気流路解析には、3次元リアルタイム流体解析システム（a – FLOW）を使用しました。図2.79に解析モデル、図2.80に解析結果を示します。

　吸熱側／放熱側風路内の角部に空気の滞留個所が確認されました。風路内で空気が滞留する個所では、装置内／装置外の熱交換ができずに高温になることから、滞留の発生を防止するために、ダクト形状角部にR10を追加しました。

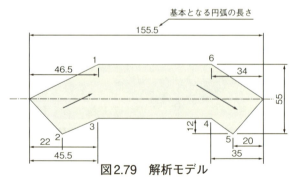

図2.79　解析モデル

2.3 基本設計

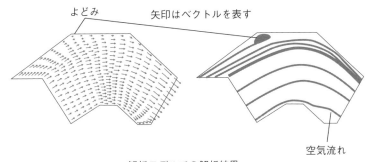

解析モデルでの解析結果

図2.80　空気流動解析結果（ダクト形状）

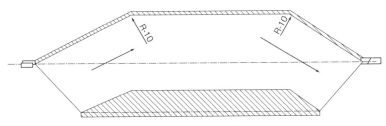

改善後形状（角部にR10追加）

図2.81　滞流低減ダクト形状（R10追加）

　図2.80の解析結果から、"よどみ"が発生する角部にR10を追加することで"よどみ（空気の滞留）"が発生するのを回避することができました。

　図2.81にR10を追加した形状を示します。

・必要な知識　→　金型製作できない製品形状

アンダーカット形状があっても金型製作できる形状であれば問題ないのですが、金型で成形できない形状を設計することがあります。参考例を示しますが、常に金型構造、成形ができるかを考える必要があります。

第2章　製品設計

1) 成形不可形状-1

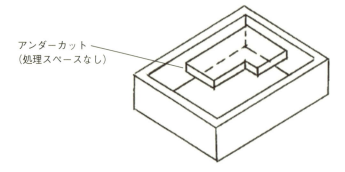

アンダーカット
（処理スペースなし）

2) 成形不可形状-2

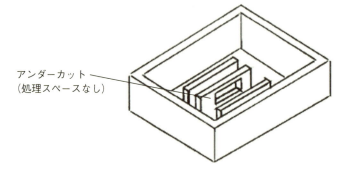

アンダーカット
（処理スペースなし）

3) 成形不可形状-3

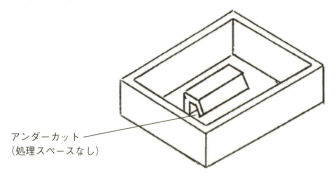

アンダーカット
（処理スペースなし）

4）成形不可形状−4

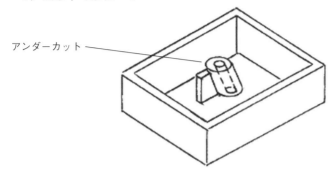

リブ、ボスがある形状において、品質不良成形品、高品質成形品を成形するための金型構造例を紹介します。

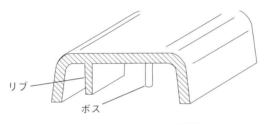

図2.82　成形品形状

・**品質不良成形品成形金型構造**

　リブ、ボスともに放電加工による彫り込み加工を行うため、射出成形時、本形状部に空気が溜まり、ショートする可能性があります。

　あるいは、残留する空気の逃げ場がなく、空気が圧縮断熱により高温となるため樹脂にヤケが発生します。

　図2.83に金型構造の断面を示します。

第2章　製品設計

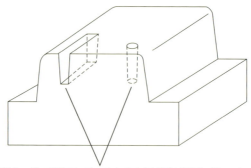

リブ、ボス形状を一体で加工しているため空気の逃げ場所がありません。

図2.83　不良金型構造

・高品質成形品成形金型構造

　射出成形時に、リブ、ボス部に空気の残留によるショート、空気の断熱圧縮によるヤケの発生を防止するために、空気が逃げやすいように形状部を分割して入れ駒を使用します。

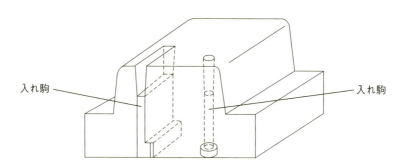

部品を分割しているため、樹脂が金型内に充填された時、
空気が逃げることができるため、ショート、ヤケが発生しません。

図2.84　高品質成形金型

2.4 詳細設計・生産設計

部品の固定方法で陥りがちな失敗

■ 必要な知識　→　部品組み立てを単純化する部品形状、構造。

・ネジを使用しない部品組み立てのポイント。

　プラスチックの特性（弾性）を活用した組立方法があります。

①爪形状による"スナップフィット"

②超音波溶着

③熱溶着

■ 各種部品の組立てに必要な形状：スナップフィット、リブ、ボス（ネジインサート）

①爪形状によるスナップフィット形状を使用した部品の組み立て構造の一例を図2.85に示します。樹脂特有の弾性を利用した部品間の固定方式です。

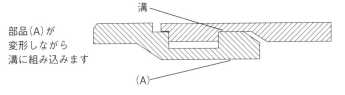

図2.85　スナップフィットによる固定

②モールド挟み込み

　ハウジング部品の嵌合に多用されますが、部品に凹凸形状をつくるとともに、挟み込み効果を得るためにリブを要所に設けます。図2.86～図2.08に示します。

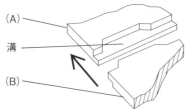

部品(B)が矢印方向に
移動して(A)の溝にASSYします。

図2.86　段差挟み込み

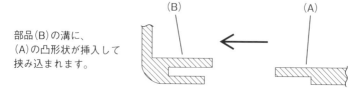

部品(B)の溝に、
(A)の凸形状が挿入して
挟み込まれます。

図2.87　凹凸形状＋リブによる挟み込み

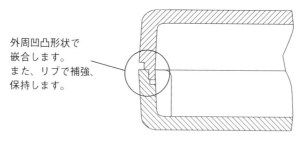

外周凹凸形状で
嵌合します。
また、リブで補強、
保持します。

図2.88　凹凸形状による挟み込み

③金属プレートへネジ止め、ネジインサート固定

　金属プレート（板金部品など）とのネジ止め、ネジインサート成形部品とのネジ固定。　図2.89に示します。

2.4 詳細設計・生産設計

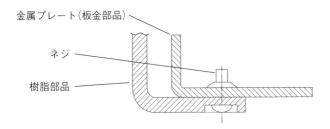

図2.89 金属プレートとのネジ固定

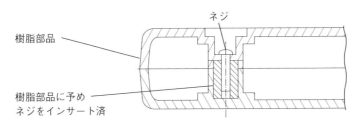

図2.90 ネジインサート固定

④タッピングスクリューによる固定

部品にネジの下穴を明け、タッピングスクリューでネジを切りながら部品を固定します。数回の着脱で部品のネジ山形状が崩れますので固定する力が低下します。
図2.91に示します。

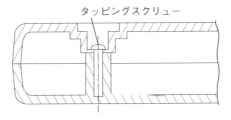

図2.91 タッピングスクリュー固定

タッピングスクリュー使用時は、ボスに下穴を明ける必要があります。一例を図2.92に示します。

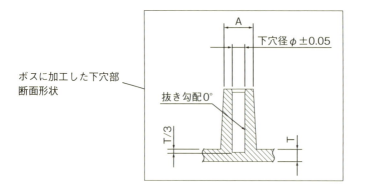

肉厚T	2	2.5	3	3.5	4	下穴径φ
ボス径			ボス径A			
ネジ						
M2	φ4.5	φ4.5	φ5.0	φ5.0	φ5.0	φ1.7
M2.5	φ4.5	φ5.0	φ5.5	φ6.0	φ6.5	φ2.1
M3	φ5.0	φ5.5	φ6.0	φ6.5	φ7.0	φ2.5
M4	φ6.0	φ6.5	φ7.0	φ7.5	φ8.0	φ3.4

図2.92　基本肉厚、ボス径とタッピングスクリュー下穴径の関係

⑤超音波溶着

図2.93に超音波溶着による部品の固定・組立方法を示します。部品2に溶着形状（ダイレクターと呼びます）を設け、部品1を超音波溶着機により超音波振動を与えて、摩擦熱でダイレクター形状を溶かして部品1と部品2を固定・組み立てします。

部品の固定・組立はできますが、溶けた樹脂の厚みが部品の間にあるため、高さ寸法を高精度に組み立てるには位置決め形状、高さ方向の寸法を規制する形状などが必要になります。

2.4 詳細設計・生産設計

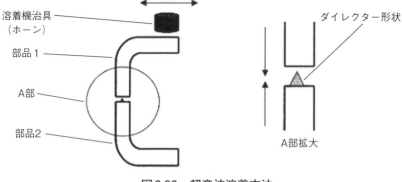

図2.93　超音波溶着方法

⑥熱溶着

部品の固定・組立方法として熱溶着があります。図2.94に示すように、直径φDの丸ボスを、丸穴を開けた部品に組み込みます。部品を組み込んだ時の丸ボス高さは、1.5×D程度に設定します。丸ボス部を加熱した治具で押さえ込み、図2.95のような部品の固定・組み立てができます。

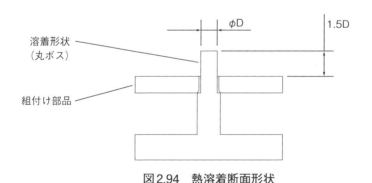

図2.94　熱溶着断面形状

111

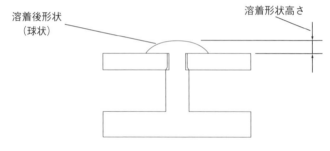

図2.95 熱溶着後形状

■部品固定用ネジ穴に関わる設計
①コーナー部ネジ

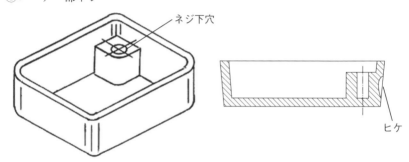

改善前：ハウジングコーナー部に部品固定穴（ネジ下穴）を設け、側壁と樹脂で繋ぐことで強度向上を図ったが、側壁外面（表側）に、"ヒケ"（くぼみ）が発生した。

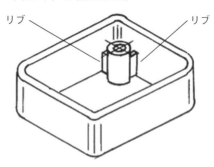

改善後：部品固定用の下穴部はボス形状として、側壁との接続部はボス上面高さより低いリブでつないで側壁外観面に"ヒケ"が発生することを防止する。

②ハウジング中央部付近のボス、リブ設計

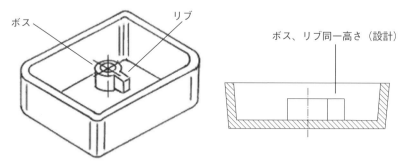

改善前：ボスと補強リブ高さが同一設計の場合、加工誤差によっては、リブ高さがボス平面より高くなることもあり、部品取り付け時の際は固定不良問題が発生する可能性があります。

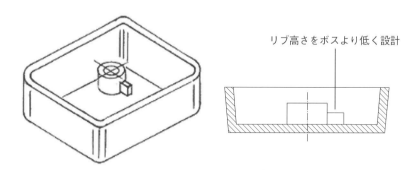

改善後：ボス高さに比較して予めリブ高さを低く設計して、リブ深さの加工時に加工誤差が発生しても部品組み立て等で問題が発生しない設定にする必要があります。ボスの補強効果に不安がある場合は、部品組み立てスペースとの干渉も考慮して、可能であればリブ本数を追加することも必要です。

第2章 製品設計

■ 組み立てが簡単にできる、また、信頼性ある組み立てを実現する設計コンセプト
・『密閉式冷却装置』の事例で紹介します。
　図2.96にモーターを組み立てる羽根部品の平面を示します。また、図2.97にモーターの挿入側形状、図2.98に設計留意点、図2.99に組立状態を示します。

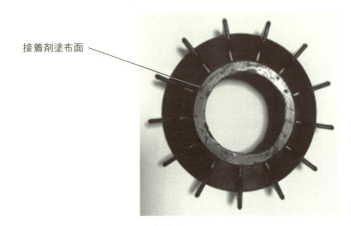

図2.96　羽根部品

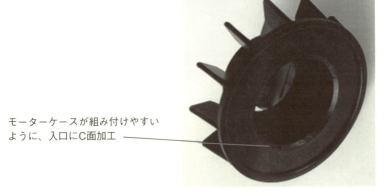

図2.97　モーター挿入側形状

2.4 詳細設計・生産設計

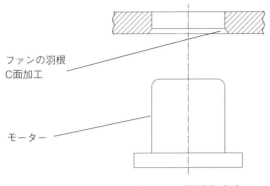

図2.98　設計留意点

図2.99　モーター組立状態

■組み立てを容易化する、信頼性ある組み立てを実現する設計コンセプト

『密閉式冷却装置』の本体へのモーター固定構造ではネジインサート構造を採用しました。

インサートネジの設計不良断面を図2.100に示します。図2.100は、モーター固定時に、インサートネジがジャッキアップ（引き抜かれる）により抜けやすくなります。

第2章　製品設計

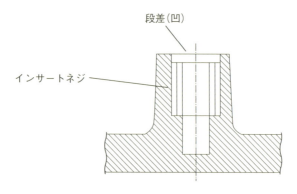

図2.100　設計不良

　ファン本体にモーターを固定する設計構造は、モーター駆動により、ファンを安定的に回転する必要があるため、ネジをインサート成形した部品とモーターをネジにより固定する構造としました。

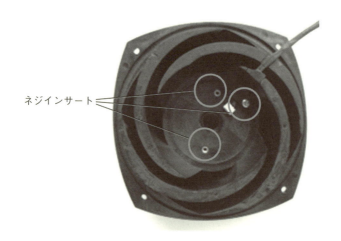

・ネジを使用せずフランジで固定する方法を図2.101に示します。モーターフランジが半球に嵌合して固定します。

2.4 詳細設計・生産設計

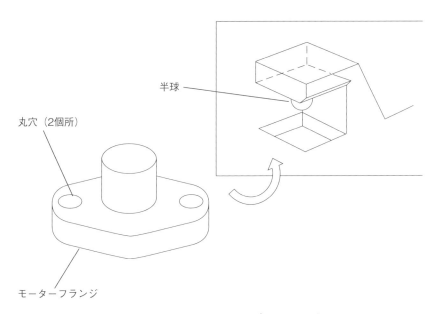

図2.101　モーターのフランジによる固定

・プラスチック成形品設計において、プラスチックの特徴を活用した構造設計例について例示します。

①樹脂挟み込み嵌合

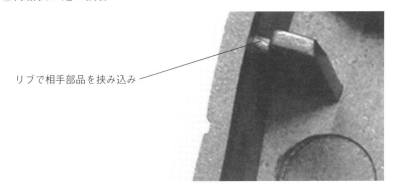

②スナップフィットによる部品固定

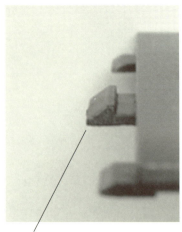

スナップフィット形状(3個所)

③熱溶着ボス

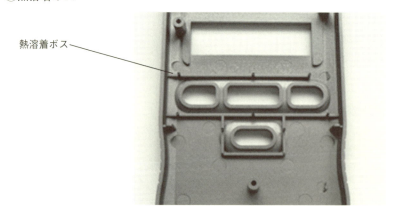

熱溶着ボス

第3章 試作・評価

　本章で説明する試作評価は、第2章の設計工程で行った設計データをもとに、試作を行い、新製品を量産に移す前などに設計品質、機能、性能評価などを行うことです。

　試作品による評価を確実に行い、不具合が確認された場合は、設計修正を実施して不具合内容を改善しなければなりません。試作数量は、デザイナー、設計部門、製造部門、品質保証など関連部門で評価を行うために必要な数量になります。

　従って、量産時に使用する材料と同等、もしくは同一材料が使用できれば、評価検証を早期に行うことができ、問題点の抽出、改善策の検討、改善評価を行うことができます。結果として量産段階でのトラブルの未然防止のためにも非常に重要な工程になります。

　製品設計データから試作品を製作するにはさまざまな方法があります。例えば、切削加工、接着による貼り合せにより試作品を製作する方法があります。

　また、この試作品をマスターモデルとして、シリコンゴムで転写してシリコンゴム型を製作後、真空注型法により試作品を製作する方法があります。

　真空注型法で使用する注型（成形）材料は、基本的には熱硬化性樹脂である二液硬化性樹脂になります。このため、量産で使用する材料と同一、あるいは同等の材料を使用することができないため本質的な評価・検証ができませんでした。

第3章　試作・評価

近年は、試作、あるいは、極少量製品の製作方法の有効なツールとして"3Dプリンター"が挙げられます。

ここでは、6つの試作方法について概要を説明します。併せて、『密閉式冷却装置』の試作事例について紹介します。

● 3.1 ● 試作

　試作方法、量産方法の比較、特徴

試作・評価の目的は、設計図面、あるいは設計データをもとに形状サンプルを製作して、性能、機能、デザインの確認を行い、問題点の洗い出し、ならびに改善案の検討を行うことです。

そのために形状サンプルを複数台（例：5～10台）製作します。

試作は、品質が良く、安価、かつ短納期で製作できる方法を選択します。

図3.1に主な試作型と呼ばれる製作方法と量産方法の比較特徴を示します。

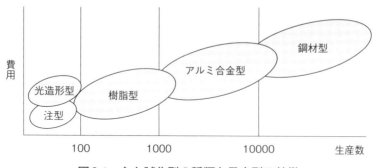

図3.1　主な試作型の種類と量産型の特徴

・主な試作法

図3.1で示しました試作型を用いた製作法以外に、切削加工により製作する方法、また、3Dプリンターによる製作方法があります。

各試作法の概要を説明します。

（1）切削加工

　最終製品と同質材のプラスチック部材（板、ブロック）を、切削、旋削など機械加工を行い、ボス、リブなどの細部形状は、接着剤で接着・組み付けを行って完成します。

　デザインのみを確認する場合は、合成木材（商品名：ケミウッド）のブロックを切削加工で外観形状の加工を行い、切削加工で発生する微小な段差を仕上げ（ミガキ）で製作する場合があります。

　また、金属製の外観製品の場合は、アルミ素材のブロックを切削加工することもあります。

　合成木材を切削加工して、ボス、リブ部品を接着して製作したマスターモデルを図3.2に、真空注型品を図3.3に示します。また、デザイン評価外観モデルとして、アルミを切削加工して製作するプロセスを図3.4に示します。

・合成木材を切削加工で製作したマスターモデル

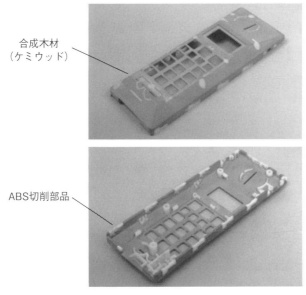

図3.2　合成木材を加工したマスターモデル

第3章 試作・評価

図3.3 真空注型品

・デザイン評価外観モデル製作プロセス

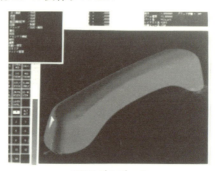

3Dモデルデータ

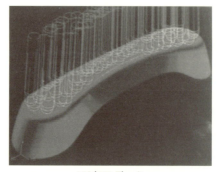

NC加工データ

3.1 試作

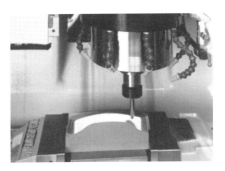

図3.4 アルミモデル製作プロセス

(2) 3Dプリンター

サンプルの製作方法として、最近は、3Dプリンターが有効なツールとして脚光を浴びています。3次元CADで形状モデリング後、STLデータ（ステレオ・リソグラフィ・データ）に変換後、スライスデータを基に、3Dプリンターにデータを転送してサンプルを製作します。

3Dプリンターによる造形プロセスを図3.5に示します。造形方法にはいくつかの方法がありますが、『密閉式冷却装置』の樹脂部品は、一層ずつ積層する方式の原理になります。

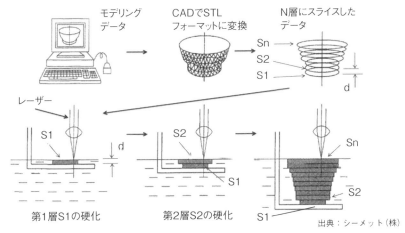

図3.5 3Dプリンターによる造形プロセス（積層方式）

第3章　試作・評価

『密閉式冷却装置』サンプルの造形で使用した装置は、(旧) 帝人製機 (株)【(現) シーメット(株)】のSOLIFORM、樹脂は紫外線硬化タイプのTSR‐800を使用しました。

紫外線を樹脂に照射して硬化させて一層ずつ積層して形状を製作します。

透明であるため、他部品との干渉なども確認でき、設計品質の良否確認が可能です。ここでは、試作品を複数台製作するために、転写で樹脂型を製作する際のマスターモデルを製作しました。

『密閉式冷却装置』本体のモデリング形状を図3.6に、また、造形サンプルを図3.7に示します。

図3.6　密閉式冷却装置本体モデリング形状

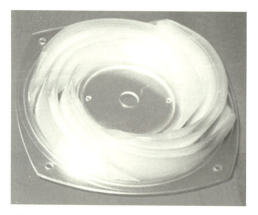

図3.7　密閉式冷却装置本体造形サンプル

3.1 試作

積層型造形により基本形状は製作できますが、積層ピッチによる段差が発生します。特に外観面に関しては、段差処理が必要になるため、ミガキなどによる仕上げが必須になります。一例を図3.8に示します。

（サポート、積層段差仕上げ前）

（サポート、積層段差仕上げ後）

図3.8　3Dプリンター造形サンプル仕上げ前、仕上げ後

3Dプリンターで製作した密閉式冷却装置の材料（TSR－800）の主な物性値、ならびに、比較参照のために、射出成形製品で主に使用されるABS（アクリル・ニトリル・ブタジエンスチレン）樹脂の物性値を図3.9に示します。

材料/項目	TSR-800	ABS樹脂
粘度（CPS）	300	
密度	1.15	
引張強度（kgf/mm²）	6.2	4〜6
破断強度（%）	13	15〜60
引張弾性率（kgf/mm²）	297	160〜290
曲げ強度（kgf/mm²）	10.3	5〜10
曲げ弾性率（kgf/mm²）	289	200〜270
衝撃強度（ノッチ付き）（kgf・cm/cm）	—	5〜20
硬度（ロックウエル）	—	R90〜R114
熱変形温度（℃）—C77〜80		
体積収縮率（%）	5.5	—
外観	無色透明強靭	乳白色

出典：TSR－800：（旧）帝人製機（株）、（現）シーメット（株）

図3.9　密閉式冷却装置材料物性

（3）真空注型法

真空注型法によるサンプル試作プロセスの概要を図3.10に示します。

成形品形状とほぼ同じサンプルを切削加工、3Dプリンターなどにより製作後、マスターモデルとしてシリコンゴムで転写を行い、シリコンゴム型を製作します。

シリコンゴムで転写する際には、シリコンゴムの収縮を考慮して、マスターモデルの寸法を決定する必要があります。

マスターモデルを型枠内に設置後、真空注型装置内に設置してシリコンゴムを型枠内に抽入後、真空状態にして脱泡（材料内の泡を除きます）します。

パーティングラインでシリコンゴム型をカットして型を製作します。

シリコンゴム型を真空注型装置の中に設置後、真空状態にして二液硬化型樹脂を撹拌充填後、真空注型装置内を瞬時に大気圧に戻すことで、大気圧（約1気圧）を負荷してゴム型の細部形状部まで樹脂を充填します。

さらに、充填した樹脂の中のボイド（空隙）を降り除くために再度、真空状態にします。

約1日経過後、硬化した注型品（サンプル）を、シリコンゴム型から取り出します。バリなどの除去仕上げを行い完成します。

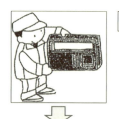

1. マスター製作

注形収縮率を考慮して製作。
材質は、木材、樹脂など。

2. シリコンゴムの注入・脱泡

箱の中にマスターをセットして、シリコンゴムを注入。真空機で脱泡する。

3.1 試作

3. シリコンゴムのカット

硬化後、パーティングラインでシリコンゴム型をカットし、マスターを取り出す。

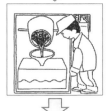
4. 真空注型

真空中で主剤と硬化剤を混合・攪拌して、型の中に注入する。

5. 離型

材料の硬化を待ち、注型品を取り出す。

6. 仕上げ・塗装

ゲート口の処理を行い、必要に応じて塗装仕上げを行う。

図3.10 真空注型による注型品製作プロセス

【特徴】
- マスターモデルが必要
- 二液硬化型樹脂を使用するため、最終製品で使用する樹脂材料とは異なります。そのため、機能、性能評価を行っても結果に信頼性はありません。
　熱可塑性樹脂を使用する方法として、外部から照射された近赤外線がシリコンゴム型を透過して、型内に投入した微粒子状（ペレット）の熱可塑性樹脂のみを選択的に加熱・溶融、冷却固化して成形品を製作します。

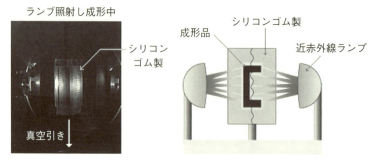

出典：(株)ディーメック

(4) 簡易型

マスターモデル製作後、アルミ繊維入りエポキシ系樹脂で転写して樹脂型を製作後、射出成形金型で使用するモールドベースに組み付けて射出成形により成形品を製作します。

射出成形で使用する樹脂材料は、量産で使用する材料と同じ材料が使用できます。

【特徴】

量産で使用する材料と同じ樹脂でサンプル製作ができるため、実際に性能、機能、デザイン評価ができます。

また、型の材質もアルミ繊維入りのため強度向上が可能となり、成形可能数量は、製品形状にもよりますが100台程度の成形は可能です。

樹脂型による試作品製作プロセスを図3.11に示します。強度が必要な部品の場合、ガラス繊維含有樹脂を使用することがありますが成形は可能です。

ただし、樹脂型はエポキシ系樹脂で製作しているため、樹脂型に冷却回路を設けても熱伝導率が小さいことから、冷却効果が非常に小さく樹脂型内に樹脂を充填した後の冷却固化時間が長くなります。

成形サイクルを短縮するためには冷却効果を高める必要があります。そのために、射出成形工程のなかで、金型内に樹脂を充填後、成形品を取り出す時に、金型のコア側にエアーを吹きかけて冷却時間を短縮することが必要です。

3.1 試作

・簡易型（樹脂型）製作プロセス

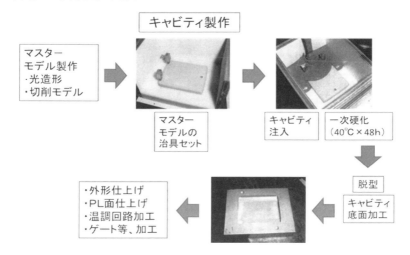

キャビティ製作

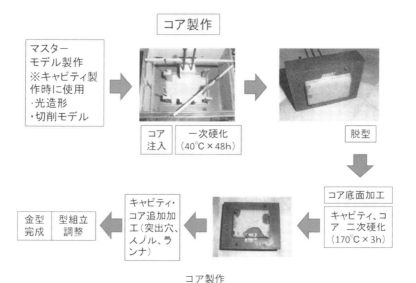

コア製作

図3.11　樹脂型製作プロセス

樹脂型で用いている材料物性値を図3.12に示します。

混合比(重量)主剤／硬化剤			100／6.8
混合粘度	poise	25℃	1
比重	20℃	主剤	2.3
		硬化剤	1.1
		硬化物	2
可使時間		25℃	1時間
		40℃	30分
一次硬化時間			25℃×12時間+60℃×3時間 又は50℃×6時間
一次硬化時間			150℃×6時間
硬さ　ロックウエルR			112
曲げ強さ		kgf/cm^2	1,200
曲げ弾性率		kgf/cm^2	130,000

図3.12　樹脂型材料物性値

樹脂型の製作例を次に示します。『密閉式冷却装置』のなかで、主要部品サンプルを試作した樹脂型を図3.13にキャビティ、図3.14にコアを示します。

成形品の高さが56(mm)と凹凸があるため、図3.15の断面概略図に示すように、射出成形で樹脂を充填(流し込む)した際に、樹脂の充填圧力により、樹脂型の微細形状部が壊れる可能性があります。また、樹脂型の材質がエポキシ系樹脂のため熱伝導率が非常に悪く、射出成形時にキャビティ、コアの型温が高い状態が継続するために冷却時間が非常に長くなります。

冷却時間の短縮、強度向上を目的に真鍮製の部品を使用しました。

3.1 試作

図3.13 キャビティ

図3.14 コア

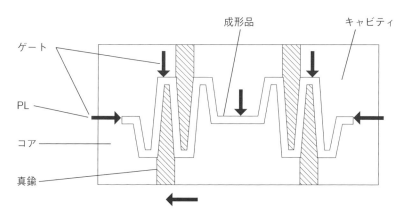

図3.15 樹脂型断面

第3章　試作・評価

（5）3Dプリンター型

　3Dプリンターを活用して、直接、キャビティ、コアを製作して射出成形により成形品を製作する方法があります。

　成形品の設計形状データを活用して、転写して形状をキャビティ、コアとして、型用樹脂を使用して造形するものです。

　3Dプリンターで製作したサンプルと同様に積層段差が発生するため、ミガキ仕上げが必要です。また、硬くて脆い材料でもあるため、微細形状部については、金属、アルミ合金などの非鉄金属製部品を使用します。

　図3.16に3Dプリンター型、図3.17に成形品を示します。

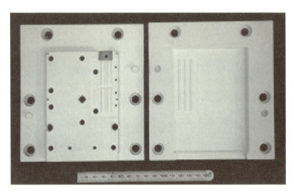

図3.16　3Dプリンター型

図3.17　3Dプリンター型成形品（樹脂：ABS）

(6) アルミ合金型

　量産品で使用する成形材料と同一の材料が使用でき、試作～少量・中量レベルの製作対応が可能な製作方法としてアルミ合金型があります。

　アルミ合金（超超ジュラルミン）は、切削性、放電加工性が良いため、短LT（リードタイム）、低価格で射出成形型の製作が可能です。

　高速切削仕様マシニングセンターによる高効率切削加工例【従来比：約27倍】を図3.18、図3.19に示します。

　汎用マシニングセンターでも、加工時間を約1／6に短縮することが可能です。

加工容易性	切削加工性：鋼の3倍
	工具寿命　　：鋼の6～8倍
	放電加工性（型彫り・ワイヤーカット）加工時間（3～4倍早い）
高寸法精度	熱処理済（残留応力除去）→機械加工による歪極少
高硬度	機械構造用炭素鋼（S55Cと同等：HRC25～30）
高熱伝導性	S55Cに比較して約2倍の熱伝導率
疲れ強さ	S55Cに比較して約3倍

アルミ合金の加工性

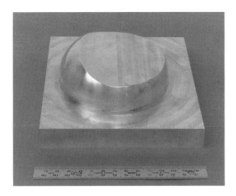

図3.18　衛星通信用コンバーターケースモデル

第3章　試作・評価

工作機械	高速切削仕様
加工物	BSコンバーターケースコア（デザイン確認用）
切削油	水溶性
使用工具本数	3本
工程数	10工程
加工時間	35分
	960分（従来加工時間）

図3.19　アルミ合金高速切削加工例

●3.2●試作サンプル

『密閉式冷却装置』のプラスチック部品の試作は、樹脂型で製作しました。

樹脂型の場合、転写工法のためマスターモデルが必要になります。本製品の場合、プラスチック部品は7部品で構成されますが、マスターモデルは、3Dプリンターで4部品、切削加工で3部品製作しました。

樹脂型を使用して射出成形で製作した試作品のなかで、図3.13、図3.14の樹脂型で試作した主要部品の写真を写真3.1、写真3.2、写真3.3に示します。

写真3.1　本体（平面）

写真3.2　本体（正面）

写真3.3　本体（断面）

●3.3● 評価

■ 必要な知識

さまざまな試作品製作工法の理解。ならびに試作品品質、寸法精度・高品質の外観と試作品製作技術の関係の理解。

（1）形状・寸法

試作工法には、切削加工、真空注型、3Dプリンター、3Dプリンター型、樹脂型、アルミ合金型などがあります。

これら試作工法のなかで、量産時に使用する材料と同一、あるいは同等レベルの材料を使用して試作品を製作して評価できることが、Q（品質）・C（原価）・D（納期）短縮のためのポイントになります。

第3章　試作・評価

『密閉式冷却装置』で使用する樹脂は、熱可塑性樹脂である"PPE/PS＋GF（10％）"であるため、次の試作工法を採用しました。

・樹脂7部品　−樹脂型、射出成形により製作
・3Dプリンター製マスターモデル：4部品
・切削加工製マスターモデル　　：3部品

デザイン図で表現した形状に忠実に、寸法に関しては部品組立に問題を生じないように、7部品全て樹脂型を使用して部品製作を行いました。
形状・寸法の評価結果については特に問題ありませんでした。

（2）デザイン

3Dプリンター、真空注型、あるいは機械加工により製作したサンプルと比較すると品質が異なることがあることを認識した上で、デザイン確認を行わなければなりません。

製品設計において部品構成を決定しましたが、部品を組み立てる際の部品嵌合、嵌合後の部品と部品のスキマなど、形状全体以外にも細部について確認する必要があります。

特に、成形品では、量産工法である射出成形時に発生するウエルド、ヒケ、シルバーなど樹脂成形品特有の品質不良に繋がる外観の出来栄えに関して入念にチェックする必要があります。

3Dプリンター、真空注型、あるいは機械加工により製作したサンプルの場合、射出成形用金型で製作した成形品とは品質上、次に示すような大きく異なる内容があります。

射出成形の場合、主に次に示す①〜④の特徴があるため、3Dプリンター、真空注型、あるいは機械加工により製作したサンプルでは確認できない内容が早期に確認できます。

① 樹脂を高圧で金型内に充填するため成形品に応力が残る。
② 成形品に応力が残るため、時間が経過するにつれて変形、寸法の変化が現れる。
③ 冷却固化して成形品形状を製作するため、設計品質不良の場合、冷却バランスの不均一によりヒケが発生する。
④ 射出成形条件などによってはシルバー※などが発生する。

樹脂型を使用して射出成形により量産で使用する材料と同じ材料で部品試作を行いました。初期のデザインでは、**写真3.4**に示すファンの中心部の部品の色を黄色にしていました。塗装、または着色樹脂の使用を考えていましたが、コスト上昇になるため、本部品も黄色から黒色に変更しました。

写真3.4　初期デザイン

※シルバー：材料の流動方向に銀白色の条痕の現れる現象です。材料中に水分または他の揮発分があると表面にシルバーを生ずる可能性が多いです。

第3章　試作・評価

（3）外観

　ヒケ、ウエルド、ショート、バリなどの外観品質について、評価結果を示します。『密閉式冷却装置』の場合、産業機器向け製品であることから、外観品質に関して特別に厳しい要求はありませんが、外観側には、極力、上述しました外観不良が出ないように設計時に注意しました。

　1）ヒケ

　　製品の表側（外観）部品になります"フタ"に、図3.20に示すヒケが発生しました。初期設計時、表面部肉厚と裏面のリブ厚が2 mmと同じ寸法であったことが主因です。品質上は問題なしとの判断のもと量産へ移行しました。

図3.20　ヒケ

　2）ウエルド

　　モーターに組み付けるファンにウエルドラインが3個所（図3.21）発生しました。原因は、樹脂を金型内に流し込むゲートを中央部の穴に、サイドゲートを3個所設定したためです。

　　強度、品質上、問題なしと判断して現状の状態で製作しました。

3.3 評価

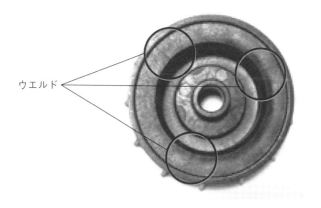

図3.21 ウエルド

3）ショート

空気の流れを抑制するフランジ形状の先端部（薄肉）が僅かですがショートします。図3.22に示します。

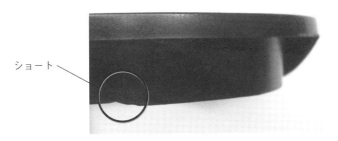

図3.22 ショート

(4) 組立性評価

試作したプラスチック部品、電気部品、回路基板を使用して組立性の良否を評価します。部品の組立性の良否は、量産時の生産性に大きく影響しますので、慎重に評価しなければなりません。

第3章 試作・評価

　組立性が悪いと組み立てに長時間が必要になるため、作業者が組み立てし易い、あるいは、自動化ができる組み立て方法、言い換えれば、部品形状の見直しも必要になります。

　『密閉式冷却装置』開発においては、設計コンセプトを踏まえて、試作品を使用して組立性評価を実施しました。組立性評価については、各社独自の考え方で"組立性評価マニュアル"を作成しています。
　組立性評価に際しての基本的考え方の一例を図3.23に示します。
　ポイントは、自動機の得意とする要素動作で部品・装置の組み立てが可能なように設計部品形状の見直しなどを行うことです。
　図3.23に、製品、A、B、C、D 4製品の製品全体の組立性評価結果を示します。部品点数が多くても、人が組み立てる時の組立動作容易性が高ければ、自ずと自動化適合率は高くなります。部品の上から下への落とし込み、左右への移動、インサート（差し込み）、ネジによる固定、の4要素が組立性容易化の重要なポイントになります。

	組立工数	部品点数	勤務容易性	＊自動化適用率
A	790.9 (s)	142 (p)	5.6 (s/p)	57.7 (%)
B	849.3	112	7.6	42.1
C	537.5	81	6.6	48.1
D	634.9	9.6	6.6	47.9

＊……自動化適合率は部品数ベースである。

　自動化適合度合を次のように定義する。
　1……自動機の得意とする要素動作を以下のように定義する。

$$\downarrow \quad \leftrightarrows \quad \mathbf{I} \quad \text{ネジ}$$

　2……上記要素動作だけで組み立てられる部品を抽出。
　3……$\dfrac{\text{自動化適合率}}{\text{(部品数ベース)}} = \dfrac{\text{自動化作業可能部品数}}{\text{総部品数}} \times 100\,(\%)$

図3.23　組立性評価

1）部品間の組立
①フタと本体の接合
　当初、設計時は、超音波溶着による接合を行う方法で設計しましたが、ア）超音波溶着装置がない、イ）接合強度にバラツキがあるなどの問題、などのリスクがあることが判明したため接着剤※による接合に変更しました。

裏面全面接着

②ファンとモーターの固定
　ファンとモーターの固定は、**図3.24**に示すようにネジ3本で固定する構造にしましたが、以下の理由により接着剤による固定方法に変更しました。
　ア）超音波溶着接合する本体とフタの平面度が大きく、耐衝撃性、耐熱性の信頼性に問題があると判断したため。
　イ）超音波溶着機の導入、ならびに専用治具が必要になるため、予算面で接着剤による接合が安価であったため。
　ウ）ネジ止め穴はアンダーカットになります。
　エ）モーターカバーに、ネジ締め受け凹の追加工が必要になります。
　オ）ファンをモーターに固定する際、羽根の狭いエリアの中でネジ締め作業を行う必要があり、作業効率が悪く多くの工数が必要になります。

※接着剤の特徴
・耐熱、耐寒、耐候性良好
・プライマー処理不要で接着性抜群

第3章　試作・評価

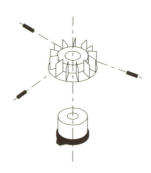

ファンにネジ締め穴（3箇所）追加

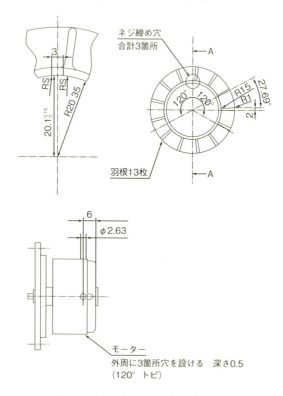

図3.24　初期設計案（ネジによる固定）

③モーター電源ケーブルの本体内蔵

モーターの回転によりファンを回転させる必要がありますが、設計初期段階では基本的機能確認を主眼に置いていたため、電源ケーブルのレイアウト設計構造にモレがありました。

急遽、**図3.25**に示すように、本体に内蔵する構造検討・試作評価を行い、問題ないことを確認しました。ケーブルを押さえる部品の脱落によるトラブルを防止するため、ファン本体にネジをインサートしてネジで固定する構造を追加しました。**図3.25**に組立構造を示します。

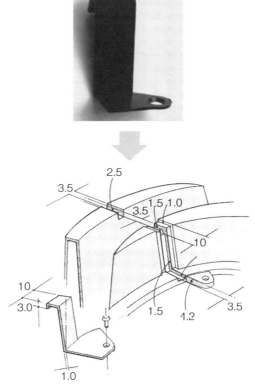

図3.25　ケーブル押え組立構造

第3章　試作・評価

4）製品組立

　部品組立確認後、製品としての全体組み立てを行いました。部品間、例えば2部品レベルの場合、問題が顕在化せずに見過ごしていた内容が確認されるケースが多々あります。

　本装置の場合、特に大きな問題もなく組み立てを行うことができました。図3.26に装置正面、図3.27に装置裏側の組立状態を示します。

図3.26　装置正面

図3.27　装置表側

3.3 評価

(5) 機能性評価

試作品を使用して基本的な機能評価を行いました。

①作動確認

　樹脂型を使用して射出成形で製作したファンを本体に組み立てると、羽根の輪郭部と本体の間の大きな隙間が確認されました。現状の場合、ファンが回転しても送風量に損失が発生するため、ファンの羽根の輪郭部形状を図3.28に示す形状に修正しました。

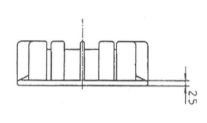

修正前羽根　　　　　　　　　　　修正後羽根（角度変更）

図3.28　羽根形状修正（角度）

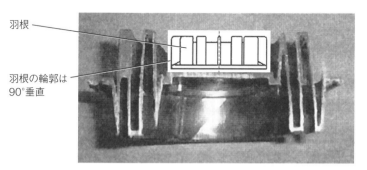

修正前羽根の組み立てイメージ

第3章 試作・評価

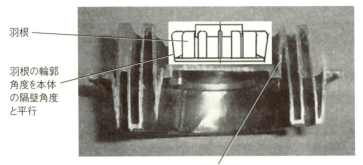

羽根

羽根の輪郭
角度を本体
の隔壁角度
と平行

隔壁角度
修正後羽根の組み立てイメージ

②熱交換効率の評価

　　試験室の室温と筐体内の温度が一定の温度差になるように調整後、装置を稼働して、再び温度が安定してきたらヒーターの電源を切る試験を実施しました。【筐体温度－室内温度＝15℃（95W）】の時

※グラフに記録した温度
ア）筐体内部のファンの吸込み口温度
イ）筐体内部のファンの吹出し口温度
ウ）筐体外部の吹出し口温度
エ）室内温度　（ヒーターOFF）　（ファンON）

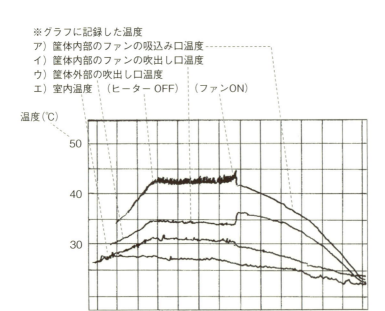

熱交換効率の試験結果、アルミフィンを使用した冷却装置の場合、筐体内部の温度は、Max = 33℃でした。

一方、開発した冷却装置の場合、Max = 37℃であり、アルミ製に比較して4℃の差があることが確認できました。

以上の結果から、アルミフィンを使用した冷却装置に比較して、性能上は大差なく実用上問題なしと判断しました。

（6）信頼性試験

作動確認、熱交換効率の評価結果は良好でしたが、第1章の企画段階で、『密閉式冷却装置』が製品に組み込まれて使用される環境を考えました。

屋外使用、工場内使用など、それぞれの環境条件を想定した試験を行い、問題ないことが必要です。

そのために次に示します試験を行いました。

1）混合ガス腐食試験（IEC60068 - 2 - 60準拠：2台）
　　：異常なし
2）塩水噴霧試験（ASTM　B117準拠：2台）
　　：試験開始後、8時間で1台動作不良
3）振動試験（JIS　C0911準拠：2台）
　　：異常なし
4）衝撃試験（JIS　C0912準拠：2台）
　　：異常なし
5）防塵試験（JIS　Z89019準拠：2台）
　　：異常なし

防じん、防水試験（IP※※　規格）の実施状態を図3.29、図3.30に示します。

第3章　試作・評価

図3.29　防じん試験

図3.30　防水試験

1）～5）の試験結果、2）の塩水噴霧試験以外は問題ないことを確認しました。

2）塩水噴霧試験結果に関しては、試験開始後8時間で動作不良が確認されました。原因は、モーター軸から塩水が侵入したことによる不具合と判明したため、ブッシュ内部にグリースを含浸させた不織布のリングをモーター軸に組み付けることで解決しました。対策事例を図3.31に示します。

3.3 評価

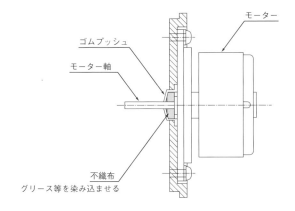

モーター軸の防水構造

図3.31　塩水侵入防止対策

開発した製品と後継製品の外観を図3.32、仕様を図3.33に示します。

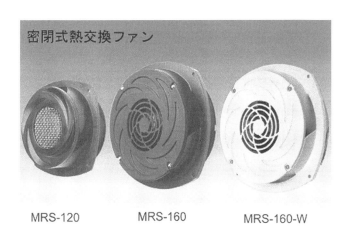

図3.32　冷却装置外観

第3章 試作・評価

仕　様　名		MRS-120	MRS-160/MRS-160W
定格	定格電圧	DC24V±10%	
	定格電流	240〔mA〕	330〔mA〕
	定格回転数	3200±300〔rpm〕	2650±300〔rpm〕
	絶縁抵抗	DC500Vにて20M〔Ω〕以上	DC500Vにて20M〔Ω〕以上
	絶縁耐圧	AC300Vにて1秒間（検知電流2 mA）	
	ロック検知	モータが故障時に出力（詳細は「ロック検出機能」参照）	
	使用温度範囲	0℃～60℃	
能力	熱交換能力	4〔W/K〕	7〔W/K〕
	循環風量	0.61〔m^3/min〕	1.02〔m^3/min〕
機械的仕様	材　質	PPE ※ガラス繊維が10%配合、耐衝撃性、耐疲労性が安定。 ※変性ポリフェニレンエーテル樹脂	本　体；アルミ カバー；PPE 表面処理；塗装
	外形サイズ〔mm〕	W144×D144×H67max	W188×D188×H67max
	騒　音	60〔dB（A）/m〕以下	56〔dB（A）/m〕以下
	重　量	約480〔g〕	約1020〔g〕
	取付穴ピッチ	□104.8〔mm〕（4-φ4.5）	□138.5〔mm〕（4-φ4.5）
	リード線長化	約950（mm）	約900（mm）
		灰（プラス）　黒（マイナス）　茶（ロック検出信号）	
	リード線種	AWG#26	
耐環境性能	耐水性能	IP23相当　※IP24相当は未確認	IP24相当
		屋外使用可能	
寿命	連続動作（H）	30,000	
	ON/OFF繰り返し	10,000（回）	
ロック検出特性	主力形式	オープンコレクタ	
	印加電圧	30〔V〕以下	
	全力レベル	正常時	0.5V以下（シンク電流5mAにて）
		ロック時	ハイインピーダンス（シンク電流5mAにて）
	シンク電流	MAX 5〔mA〕	
	自動復帰	12秒毎に再起動動作をくり返します。	
	ロック検出	5秒以内	

図3.33　冷却装置仕様

第4章 生産準備

　第3章で説明しました試作・評価で、問題なくモノづくりができ、評価結果も満足できるレベルにあることが確認できた後、いよいよ本格的な量産に向けての生産準備に着手します。
　具体的に行うべき内容について以下に説明します。

　生産準備段階では、次工程の生産にスムーズに移行するために次のような準備を行います。
　4．1　生産に必要な治具・工具の準備
　　　　（例）金型、樹脂材料
　4．2　部品組み立て設備の準備
　　　　（例）部品組み立てのための超音波溶着治具、超音波溶着器
　4．3　作業手順書の作成、準備
　4．4　検査基準書、限度見本サンプル
　　　　主要な業務内容について説明します。
　4．5　部品成形・組み立て
　4．6　部品検査／検収、組立
　4．7　梱包仕様書

第4章　生産準備

●4.1●生産に必要な治具・工具の準備

（1）射出成形金型

　プラスチック製品に必要な主要部品は、プラスチック成形品、機構部品、電気部品などになります。

　プラスチック部品は、主に射出成形法により製作します。射出成形では、金型がなければプラスチック部品はできません。ここでは、モノづくりに欠くことができない重要なツールである金型について構造などを簡単に説明します。

　製品設計、部品設計品質の良否は、製品全体の品質、コストの70～80（％）を左右すると言っても過言ではありません。

　さらには、部品を製作する金型の品質の良否も成形品の品質、コストを大きく左右します。従って、金型構造の基本的な特徴については知っておく必要があります。また、事例紹介します『密閉式冷却装置』の場合、射出成形法により部品製作を行っていることから、射出成形で重要なツールである金型について簡単に説明します。

　金型は、構造面から主に、2プレートタイプ金型、3プレートタイプ金型の2タイプに分類できます。

　2プレートタイプ金型は、図4.1に示すように（A）で金型が分離するタイプです。

4.1 生産に必要な治具・工具の準備

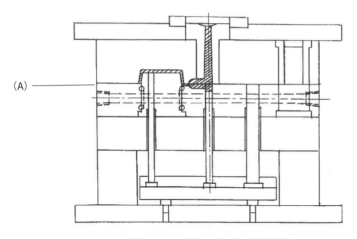

図4.1　2プレートタイプ金型

一方、3プレートタイプ金型は、図4.2に示すように、(A)、(B)、(C)で金型が分離するタイプになります。

2プレートタイプ、3プレートタイプ金型の使い分けは、使用するゲートタイプに依存します。

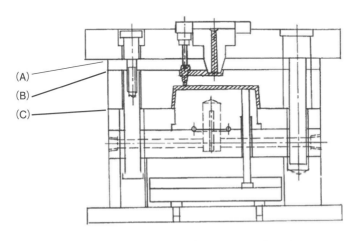

図4.2　3プレートタイプ金型

第4章　生産準備

　金型は成形品を大量生産するツールですが、生産数に対応して、金型に使用する素材の選定が必要になります。図4.3、図4.4を参照下さい。

　生産数が、1万台程度、10万台程度等、生産数、また、使用する樹脂により、金型の摩耗の程度が異なります。

　摩耗が激しいことは、成形品寸法、外観にも影響するため、生産数に耐え得る金型素材を選定しなければなりません。

　また、樹脂の種類、グレードによっては、ガスが発生し易い材料もあります。
　このような材料を使用する場合は、金型には防錆対策を講じなければなりません。

　防錆対策として、金型表面にコーティングを行う場合もあります。

　生産量とあわせて、樹脂の中にガラス繊維を含有している場合は、金型表面の摩耗も発生するため硬度を上げる必要があります。

　また、ガラス繊維を含有していない場合でも、生産量が10万Shot以上の場合も、耐摩耗性を確保するために高硬度材料の使用が必要です。

生産数 \ 成形材料	熱可塑性樹脂（非強化）	熱可塑性樹脂（ガラス繊維入）
1万		S55C
10万	S55C	プリハードン鋼
30万	プリハードン鋼	SKD-11
	SKD-11	（SKD-12）SKH51

図4.3　生産量に対応した金型材質　　　　出典：山陽特殊鋼

分類	JIS	使用時硬さHRC（参考値）
プリハードン鋼	SC系	13
	SCM440系	28
	SCM（改）	33
	SUS系（快削）	33
	SUS系	35
	SKD61系（快削）	40

出典：(株)ミスミ　ものづくりQ&A 2007 P174

図4.4　金型材質と硬度の関係

4.1 生産に必要な治具・工具の準備

　金型を設計・製作する場合、金型仕様書を作成する必要があります。金型仕様書に記載すべき内容を以下に示します。金型仕様書（例）を図4.5に示します。
　型仕様書の作成については、可能な限り具体的な内容を記載する必要があります。

発注先		型番 殿		図番		担当者	仕様書作成年月日　年　月　日
成形品	品名				基本構造（プレート）		2・3ランナーレス
	使用樹脂名				取り数		個
	成形収縮率		／1000		パーティングライン指定		
	色調　透明性				ランナー方式		
	1個分の重量			金	ランナー形状、寸法		
	投影面積			型	ゲート位置、形状、寸法		
成形機	型式・メーカー			構	アンダーカット引抜構造		
	型締ストローク			造	エジェクター方式		
	射出容量				冷却・加熱方式		
	型締力				エアベント方式		
	タイバー間隔				ネジ抜き方式		
	プレート寸法				インサート方式		
	突出ロッドピッチ				主要部の型材		
	使用型厚	最大			主要部の型材硬度		
		最小			主要部の面粗度		粗度
	ロケートリング径				特殊加工の有無		
	ノズル穴径・R				熱処理の要・不要		
	プレートネジ穴ピッチ				メッキの要・不要		
その他	発注型数				耐久・寿命		
	納期（トライ・完成）				その他特記事項		
	型組図承認　要・不要						
	Try場所						
	予定成形数						
	予定成形サイクル						
	価格						

図4.5　金型仕様書（例）

　また、金型製作時には金型製作費を知っておかなければなりません。社内で内製する場合、あるいは、協力会社に金型製作を依頼するパターンがあります。
　参考として金型製作費の内訳構成を図4.6に示します。

第4章　生産準備

	(%)
金型設計	7
材料	18
加工	65
組立調整	5
管理・利益	5
合計	100

図4.6　金型製作費内訳（例）

（2）射出成形

（1）項で紹介しました金型を使用して射出成形プロセスにより、成形部品を製作します。

・3プレートタイプ金型のスプル・ランナー自動落下構造（図4.7）

【概要】：3プレートタイプ金型のスプル・ランナーの取り出しを確実にするために、スプル・ランナーが固定側型板、ランナーストリッパーに引っかかることがないように、開き量L＞　L1、L2、L3　に設定します。また、プッシャーピンを改善前のように2個所に設置すると、固定側型板の第2スプルー形状に入り込む可能性があるため1個所のみに設置します。

4.1 生産に必要な治具・工具の準備

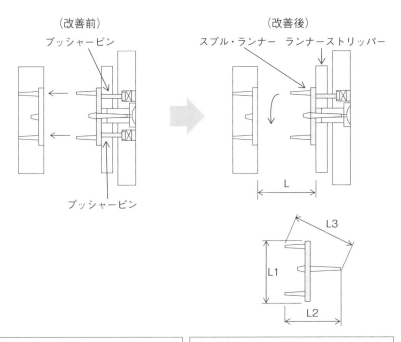

図4.7 スプル・ランナー自動落下構造

・3プレートタイプ金型のスプル・ランナー取り出し機使用時の型開き量
  （図4.8）

【概要】：取り出し機を使用する場合、"改善後"の矢印方向に動作するため、固定側板とランナーストリッパーの開き量は $L^{*} + a^{**} > L2$ の関係になるように設定します。

※L：固定側型板とランナーストリッパー間の開き量
※※ a：取り出し機の水平方向移動量

第4章　生産準備

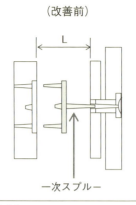
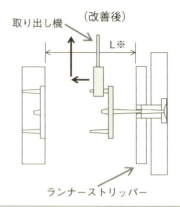

（改善前）　　　　　　　　　　取り出し機　（改善後）

一次スプルー　　　　　　　　　　　　　　　ランナーストリッパー

【改善前】
一次スプルの一部がスプルーブッシュ内に残るため、取り出し機は水平方向に移動する必要があり、Lが狭いとスプルー・ランナーは取り出せません。

【改善後】
取り出し機が水平方向に移動することが可能なように型開き量を設定します。

図4.8　取り出し機によるスプル・ランナー取り出し

（3）治具、工具

（1）射出成形金型、（2）射出成形プロセスで製作した成形部品、ならびに、モーター、ネジなど、製品に必要な部品の調達を行います。この時、部品の欠品がないかの確認を確実に実施します。

製品に必要な部品リストを作成しますので、外部メーカなどから調達する部品については、調達リードタイム、価格の確認が必要です。

企画段階で計画した製品原価と比較しながら、計画と実績の差異確認をしなければなりません。

部品が全て揃ったら、あらかじめ作成した組立手順書に従って組み立てを行います。

組み立てで必要になる治具、工具もあらかじめ手配、準備しておきます。

治具、工具など、実際の成形で製作した部品の形状、寸法に合わせることも必要になります。

例えば、成形品に付いているゲートを切断するゲートカット治具、異物混入

を防止する金網をフタに超音波溶着で固定するための工具が必要になります。

4.2 部品組み立て設備の準備

　当初設計では、ファン本体とフタは、超音波振動による接合を考えていましたが、試作・評価結果から接着剤を使用することに決定しました。
　従って、接着剤、接着用治具の準備を行いました。
　基本的には、全て接着剤で部品固定することに決定しました。

4.3 作業手順書の作成、準備

　金型の準備、射出成形機への取り付け、成形作業、部品組み立てなどの一連の作業手順書が必要になります。
　当然ですが、生産に必要な各設備の日常点検表、作業開始前点検、作業終了時点検が不可欠です。
　この点検を欠かさずに実施して設備の異常の有無を事前に確認し、異常が確認された場合は、早期の回復処置がとれるように注意しなければなりません。
　異常の有無の確認結果、問題なければ生産開始になります。生産に関しては、あらかじめ作業手順書を作成して安定した作業ができる環境にすることが必要です。参考にネジインサート成形作業時の作業手順書を図4.9に示します。

第4章　生産準備

		制定日	年　月　日	ページ	／

FAN本体ネジインサート作業手順

管理番号	※※-001 Rev	品管承認	製造承認	承認	照査	作成
作業名	ネジインサート成形手順					
製品名	密閉式冷却装置					
部品名	FAN本体					

1. 目的
　　※※-001#※※において、ネジインサート成形を行う。

2. 設備点検項目
　　ネジインサート治具
　　ホットプレート

3. 管理項目
　　①ネジインサート　　：　　ネジ部バリ、油付着、汚れなき事
　　②成形部　　　　　　：　　ショート、ヒケ、バリ等なき事
　　　　　　　　　　　　　　　ネジインサート部は凸でない事
4. 管理方法
　　①ネジインサート　　：　　成形前後、目視にて抜き取り確認を実施。
　　②成形部　　　　　　：　　成形後、目視にて全数確認を実施。
5. 異常処置方法
　　①ネジインサート部　：　　使用不可。
　　②成形部　　　　　　：　　使用不可。

Rev	記号	変更内容	年　月　日

図4.9　作業手順書

● 4.4 ● 検査基準書、限度見本サンプル

　検査基準書に関しては、外観に関わる品質、寸法に関する品質が挙げられます。検査を行う環境、検査で使用する測定機器、検査方法など、基準書の作成が必要です。
　また限度見本については、品質検査時に品質の良否判断に迷うことがないよ

うにサンプルを製作して、顧客との目合わせを行い、承認を得て限度見本サンプルとして扱う必要があります。一例を図4.10に示します。

フタ部品において肉厚が非常に薄い個所があり、ショートすることがあります。左はNG、真中は限度下限でOK、右はOKとなります。

NG

限度下限OK

OK

図4.10　ショート限度見本

4.5　部品成形・組み立て

陥りがちな失敗

- 最適な成形条件探索指示、あるいは、成形技術者とのコミュニケーションがとれない
- 必要な知識　→樹脂材料、金型、成形に関する知識

射出成形機を安定作動させるには金型構造をシンプルにする、すなわち、成形品設計形状を単純化することが最も大切です。

形状の単純化で最も効果があることは、アンダーカット形状を無くすことです。

しかし、部品組み立て、成形部品間の組み立てでは、製品構造によってはアンダーカット形状が必要になります。

・成形加工で成形品の品質確認、改善する主なポイント

成形時に立ち合いを行い、次に示す各内容について基本的な役割を理解する必要があります。これにより、製品設計時に留意しなければならないポイ

ントを実体験で理解することができます。

①ゲートバランスのチェック。

②ゲート位置、大小による歪、ウエルドライン、焼け、ガス抜き。

③冷却の均一性。

④突出しによる白化、割れが発生しないか。

⑤外観上の重要な位置に、パーティングライン、ヒケ、ウエルド、フローマーク、シルバーなどが発生していないか。

⑥バリの発生はないか。

⑦アンダーカット処理に問題ないか。

これらの内容は、金型製作完了後に行います"トライ"で確認します。製品設計者は必ず立ち会わなければなりません。

「"モノづくり"は、生産技術者、製造技術者に任せていれば大丈夫。製品設計者は製品設計のみを行っていれば良い」との考えでは、高品質の製品を製作することはできません。

成形トライに立ち合い射出成形機で成形を行いますが、上述しました①〜⑦の内容を立ち合いの場で確認して、成形条件（樹脂温度、金型温度、射出速度、射出圧力など）を変更しながら、成形品品質などが良化できるか否かを判断する必要があります。

成形トライ開始後に品質問題を発見することが多々あります。このようなことを未然に防止する対策として工程FMEA※などの手法を活用することも必要になります。図4.11に一例を示します。

※工程FMEA：製造工程における故障発生の原因・仕組みを設計段階で追求して、工程の改善を行うために工程管理部門が用います。QC工程図・作業手順書など、工程の理解に必要で、故障モードの抽出の視点が製品を製造するための物になります。

4.5 部品成形・組み立て

工程の名称	故障モード	故障の影響	故障の原因	評価				予防処置是正処置
				発生頻度	影響深刻度	検知難易度	危険指数	
1. 材料受入	① 現品相違	①外観色調、寸法値変化	①発注相違	1	3	1	3	返却措置
	② 包装破損	①吸水による強度不足	②輸送中の取扱い	1	3	1	3	返却措置
2. 材料乾燥	乾燥機の故障	①吸水による強度不足	断線 ヒーター接触	1	4	1	4	始業点検確認
		②シルバー発生	接触不良	1	2	1	2	始業点検確認
3. 成形準備	作動不良	良品生産不能	成形機故障	1	5	1	5	成形機修理
4. 成形加工	①バリ	①端子の接触	①金型摩耗	1	5	1	5	金型部品交換
	②ショート	②成形品強度不足	②ガスベント詰り	1	3	1	3	金型オーバーホール
	③寸法不良	③機能障害(組立不良)	③樹脂材質相違	2	4	2	16	金型部品交換 成形条件調整
	④ヒケ	④機能障害(組立不良)	④成形条件	2	2	1	4	成形条件調整
	⑤ソリ、ネジレ	⑤端子部半田不良、カードキズ発生、カード挿・排出不良	⑤離型不良	4	4	1	16	成形条件調整
	⑥形状不良	⑥機能障害(組立不良)	⑥金型設計・製造不良	1	5	1	5	金型部品交換

図4.11　工程FMEA

第4章　生産準備

ここで、射出成形により製作した『密閉式冷却装置』を構成する成形部品を示します。

①外側フタ（金網熱溶着固定済）

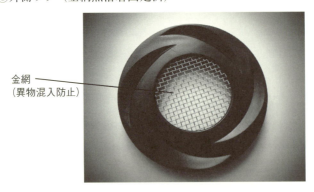

金網
（異物混入防止）

②モーターカバーフタ

フタ表面

フタ裏面

4.5 部品成形・組み立て

③表側ファン

ファン平面

ファン正面

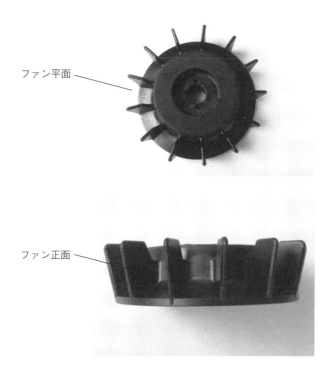

③表側本体

第4章　生産準備

④裏側本体

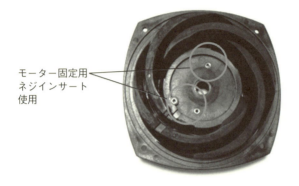

モーター固定用
ネジインサート
使用

⑤表側ファン

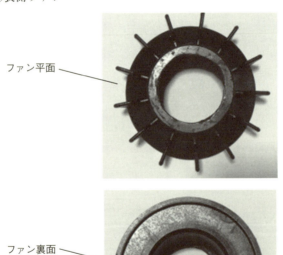

ファン平面

ファン裏面

4.6 部品検査／検収、組立

⑥裏側フタ

⑦ケーブル押え

● 4.6 ● 部品検査／検収、組立

検査で陥りがちな失敗

　工程内検査で、"限度見本"がない。あるいは、限度見本があっても不明瞭なため、検査員の判断にゆだねてしまい不良品を出荷してしまう。

　量産品の製作を行うなかで、①作業者変更、②成形機の変更、③材料変更、またはグレード変更、④成形条件変更、⑤測定器変更、などにより、品質の出来栄えが異なる時があります。

第4章 生産準備

品質の出来栄えにバラツキが発生した場合、バラツキの原因究明、対策立案、実証評価を早急に行わなければなりません。

各種信頼性試験評価、技術評価、成形性確認、また、部品認定のための成形を行い寸法測定を行います。

測定は、成形部品の設計データで指定している個所、全て行い一覧表としてまとめます。

一般寸法個所、機能・性能に関わる重要指定個所の測定を行いますが、測定結果、寸法公差外の個所があった場合、一般寸法部に関しては、指定公差緩和の"特認申請"の提案検討も必要になります。

"特認申請書"の参考例（一部）を図4.12に示します。

					設計変更通知NO：※※※-※※	
			金型特認申請書			
項目No	図面エリア	図面規格	実測値	特認寸法	特認条件	備考
3	C-10	6.150±0.1	5.968〜6.223	6.15±0.2		
50	F-10	4.750±0.07	4.670〜4.722	4.75±0.1		
58	G-9	6.000±0.07	6.026〜6.080	6.000±0.1		
75	H-3	バリ無きこと	PL面にバリ有り	限度見本参照		限度見本を外れるバリは仕上げ

図4.12　金型特認申請書

品質改善、コストダウンなどを目的に、①作業者変更、②成形機の変更、③材料変更、または材料グレード変更、④成形条件変更の変更を行うことがあります。

これを、4M（Man、Machine、Material、Method）変更と言います。

4M変更に該当する時は、変更した際の評価結果を変更申請書に記載して管理部門に提出する必要があります。

また、顧客にも変更理由ならびに、変更結果が良好なことをデータで説明して了解を得なければなりません。

■ 必要な準備

限度見本（上、下）の製作による見える化、検査基準書による品質基準均一化。

特に、外観品質の良否判断用として、良品範囲の中で、上限、下限のサンプルを製作する必要があります。

製造現場、例えば、射出成形機で成形対応している作業者が成形品の良否判断を"目で見て良否判断"できる限度見本を作成する必要があります。

また、品質検査部門でも"目で見て良否判断"できる限度見本が必要です。

これら限度見本は、製品が特定顧客から受注開発した製品であれば、顧客の承認が必要です。承認を得た限度見本にもとづいて検査を行います。

また、特定の顧客向け製品でない場合は、デザイナー、製品設計者を含め、関連部門と合意形成を行う必要があります。

一方、寸法については、一般寸法部、重要寸法部の区分を行い、重要寸法部については測定数の決定を行うことも大切です。次工程の量産で工程能力の有無の判断指標とする必要があるためです。

	項目	仕様
1	外観	1) 目視にて検査し、目立った傷、汚れ、色むら、変形なきこと。 2) 銘版：所定位置に傾きなく貼られていること。また、容易にはがれないこと。
2	外形寸法	外形寸法図参照。
3	重量	1.35 (kgf) 以下

図4.13　検査基準書（一例）

第4章　生産準備

● 4.7 ● 梱包仕様書

　製品を出荷する時には梱包して出荷するのが通常の状態です。そのためには、決まった形態で出荷できるように、梱包仕様書を作成して、この内容に準じて梱包する必要があります。

　梱包仕様書の一例を図4.14に示します。

1．適用範囲
　　本仕様書は、※※※※(株)において製造された※※※※のトレイによる包装出荷形態について規定するものである。

2．適用品種

顧客品名	顧客形式	弊社品名	弊社図番
※※※	※※※	※※※	※※※

3．包装形態
　3．1　包装材料（標準）

種類	内容	寸法	備考
トレイ	※※※	※※※	※※※
ポリ袋	ポリ袋	※※※	※※※
外装箱	※※※	※※※	※※※
緩衝材	エアパッキン	※※※	必要に応じ
粘着テープ	PPテープ	※※※	外装箱封止用

　3．2　最大収納数

トレイ	外装箱
※※個	※※個

注記1：上記に示す包装材料は標準であり、受注数により外装箱等が変更になる場合があります。

図4.14　梱包仕様書

第 5 章

生 産

● 5.1 ● 量産試作

> 量産試作・準備段階で陥りがちな失敗
> ■ 次工程の量産を意識せずにモノづくりを行ってしまい、量産時に発生するとされる問題点を見過ごしてしまう

　量産試作では、開発完了後の量産開始前に量産と同じ方法で少量生産を行い、生産準備に問題がないかを確認します。また、信頼性試験を実施して顧客品質を満足していることを確認します。この結果をもとに、顧客における品質問題を未然に防止する。これを初期流動管理といいます。

　初期流動管理の結果をもとに量産への移行の可否を決定します。量産試作で製作した試作品は、試験・検査によって品質の評価を行います。

初期流動管理のプロセスは、次のようになります。
1）生産技術部門
　　試作時に確認した問題点の対策を織り込んだ工程を確立します。この時に準備が必要なドキュメントなどを以下に示します。
　①金型、治工具
　②作業手順書
　③認定サンプル、限度見本
　④金型寸法測定データ

⑤金型検収依頼書
2）品質保証部門

　試作時に確認した問題点および量産時に発生すると思われる不具合モードを見極め基準を制定します。

①QC工程表
②検査基準書
③検査成績書
④環境負荷物質調査表（顧客要求による）
⑤限度見本の承認

3）営業部門

　顧客と納入仕様書を取りまとめ、双方で押印し仕様確認を終結します。

①納入仕様書
②梱包仕様書

4）初期流動、量産開始限定ロットへの対応

　製造部門は、作業手順を定めて人員教育・訓練を行います。

　初期流動限定ロット分の重要管理寸法部は、N＝20～25以上とします。

5）品質保証部は、初期ロットの出荷前に製造現場で立ち合い、供給先の業務に対応する人員教育・訓練を行います。

　特に、以下の品質の確認を重点的に行うとともに、コストについての確認も実施します。

（1）品質

①品質標準は適正か
②工程能力に問題はないか
③品質管理上の確認ポイントを明記した標準書類は整備されているか

(2) コスト
　①計画生産量に対応できる設備、人員配置になっているか
　②問題となる工程はあるか
　③品質、コスト面で量産体制が不十分な個所を抽出して改善策は作成済か

　量産試作段階で確認できた品質、コストの不具合内容に対しては、原因を究明した後、改善策の作成、評価を早期に行わなければなりません。
　いわゆる、不具合改善対策として、Plan（計画）－Do（実行）－Check（確認）－Action（再確認）を行い、計画期間内で問題解決しなければなりません。

　また、品質、例えば、成形品の寸法、外観に関して、品質規格には満足してしているが、特に寸法について、測定値の並びに異常なパターンがある場合など、工程は統計的な管理状態にないと判定するため、工程管理・分析を行う必要があります。

　量産試作時の生産量は限定的であるため、問題が発生してもその場で緊急改善で対応できますが、1万台、10万台などと生産量が非常に多くなると、"付け焼刃"での対応では間に合わなくなります。プラスチック成形品の安定生産に関しては、都度、次の内容について確認する必要があります。

　①製作担当者が変わったか
　②設備（射出成形機、乾燥機、温度調節器など）に異常はないか
　③樹脂材料ロットのバラツキはないか
　④成形条件に変化はないか
　⑤異なる測定器を使用していないか
　⑥製作現場、検査室などの温度、湿度環境の変化はないか

　量産時には次の確認を行うことが不可欠です。

①製作担当者が変わったか

　同一人物でなく、急遽、事情により他の人が担当することになった場合、製作品質で異なることがあります。

　基本的な作業は、作業を開始する前の、作業開始点検表、作業の手順を示す標準作業指示書、作業中の生産部品の工程内で確認・判断するための限度見本などで対応できます。

　しかし、経験・熟練度などの差異によりトラブルが発生する確率が大きくなります。担当者が変わった際は、特に注意して慎重に作業進捗確認などを行う必要があります。

②設備（射出成形機、乾燥機、温度調節器など）に異常はないか

　信頼性ある設備であっても、日常作業点検表にもとづいて設備異常有無の確認を行い、異常がないことを確認した後、設備を稼働させます。

　金型の場合、金型は樹脂から発生するガスで汚れます。生産数がどの程度になった時に、汚れによる影響で成形品の品質不良が発生するかを見極めていないと、金型の洗浄、メンテナンスのタイミングが分かりません。

　あらかじめ、金型のメンテナンスサイクル【(例) 生産数＝1000台】を仮設定しておく必要があります。

　設定メンテナンス数の成形が終了した時点で、金型の品質に変化がないかを目視レベルで確認するとともに、重要管理寸法部については寸法を測定して、金型製作直後の寸法との比較を行い変化の有無をチェックします。

　例えば、摩耗による減寸が確認された場合には部品交換が必要です。また、この現象を実績データとして蓄積するとともに、重点管理ポイントとして設定することが重要です。

　このように、金型の状態を常に最適な状態に維持して量産することが大切です。また、金型で微細形状部品を使用している場合、部品の破損リスクがあります。

破損した場合でも生産を止めるわけにはいきません。このように、破損可能性が想定できる部品については、予めスペア部品として在庫することも必要です。先行して部品を製作して在庫する費用と、部品が破損してから発注して製作する間、生産が止まることによる機会損失費用を比較した場合、先行して部品を製作すべきとの結論になるはずです。並行して定期的な保守・メンテナンスの実施が必要です。

また、金型をメンテナンスする際、メンテナンスが容易な金型構造にする必要があります。図5.1に事例を示します。

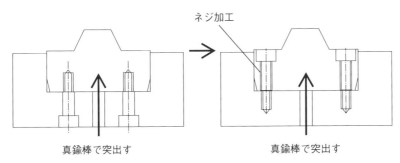

図5.1　メンテナンス容易化構造

③樹脂材料ロットのバラツキはないか

　材料ロット毎の品質バラツキが存在することがあります。可能であれば、ロット毎に材料を微量抜き取り、物性試験を行い、ロット毎の相違がないことを確認することが確実です。

④成形条件に変化はないか

　例えば、射出成形の場合、射出速度、射出圧力、保圧などいくつかの成形条件を設定します。この設定条件の公差内で生産されている場合は概ね問題はありません。

　しかし、成形条件の実際値が公差外になった時は、アラームで担当者に知らせる仕組みになっているかが大切です。

⑤異なる測定器を使用していないか

　使用する測定器を決めたにも関わらず他の測定器を使用していないか。

　三次元測定器を使用することになっているにも関わらず、他の仕事で使用していたため、ノギスでも測定できると判断してノギスを使用することは不可です。

　工程監査時に使用する測定器も限定しますので、勝手な判断による変更は不可です。

⑥製作現場、検査室などの温度、湿度環境の変化はないか

　5S（整理、整頓、清掃、清潔、しつけ）が定着しているか。最低限、3S（整理、整頓、清掃）は行っているか。

　床にゴミ、ホコリがあると、成形品に付着したり、金型で成形品を形作るキャビティ、コアの表面に付着して、特にキャビティ表面にキズを付けたりします。その結果、多くの成形品に不良が発生することにもなります。

　このようなトラブルを防止するためにも、最低限3Sの実行は必要です。

また、検査室の温度、湿度管理は、樹脂で製作した成形品の品質保証を行ううえでは、一定温度、湿度の環境の下で測定することが望ましい。

特に結晶性樹脂の場合、時間の経過とともに結晶化が進みます。そのため、経時変化には十分に注意しなければなりません。

・成形条件
　量産試作の段階で、成形品の品質を満足する成形条件が設定でき、標準条件とすることが大切です。

『密閉式冷却装置』においては、モーターを成形品に固定するネジは、当初は、成形品に熱圧入で組み付ける方法でしたが、成形品形状の凹凸が大きく、インサート治具によるネジの挿入作業性が悪いため、金型内にネジをインサート成形する方法に変更しました。

また、成形品本体にフタを組み付ける方法は、試作時点では超音波溶着[※]を行っていましたが、次の理由で接着剤による組み立てに変更しました。
①成形品の平面度が大きく、超音波溶着による組立て、信頼性確保が困難なため
②超音波溶機の設備を新たに導入する必要がある
③樹脂部品の平面度がバラツキ、溶着個所の信頼性（耐衝撃性、耐熱性）に不安があった

※試作時は、超音波溶着機メーカーで溶着加工を実施。

第5章　生産

■ 必要な知識　→量産でトラブルを生じない金型のポイント
・生産量に対応した最適金型材質の選定
　　企画段階で生産数は設定するため、金型で使用する材質は概ね決定できます。
　　金型の材質、硬度と生産量の関係（第3章で説明）を確認して、材質を決定します。

・安定生産を確実に実現する金型構造、冷却性能、成形品取り出しなど
　　安定生産を行うためにはトラブルの少ない金型であることが必要です。そのためには次の点に注意することが大切です。

①金型構造はシンプルな構造。
　"Simple is Best" と言われているように、金型においても同様の考え方が適用できます。生産量が多くなり、メンテナンスサイクル（例：10,000ショット）成形時、金型の分解清掃、ならびに、部品に異常（キズ、割れ発生など）が確認された時、部品交換しなければなりません。
　金型構造が複雑な場合、分解清掃、トラブル部品の交換に多くの工数が必要になります。

②強度が十分に確保されている。
②-1
　角穴をあける金型部品の場合、図5.2の改善前の金型断面構造、図5.3の改善後の金型断面構造を示しますが、図5.2の場合、角穴に部品を組み付けています。
　一方、図5.3の場合、角穴コーナー部にはR形状を設けました。
　コーナー部が角の場合、応力集中時、クラックが発生することがあります。
　しかし、図5.3の改善後形状の場合、クラックが発生することは殆どなく、強度の向上を実現することができます。

5.1 量産試作

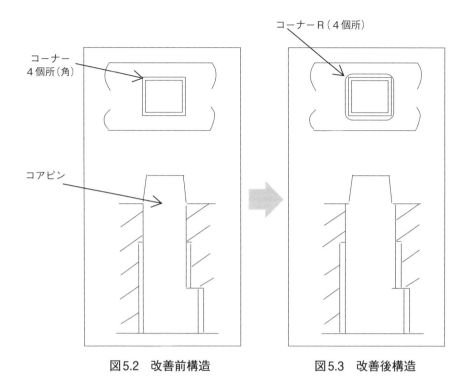

図5.2 改善前構造　　　　図5.3 改善後構造

②-2

　成形品に穴を開ける場合、金型の基本構造は、図5.4の断面構造になります。しかし、図5.4の場合、コアピン先端部をキャビティに直接に突き当てるため、生産量が多くなるとコアピンの全長が僅かに長くなり、キャビティ表面にキズ、あるいは凹みが発生したりします。

　このようなトラブルを防止するために、図5.5のように、予めコアピンの突き当て部にはピンを組み付けておき、突き当て面の長さ調整が行えるような構造にします。

　万一、ピンにトラブルが生じた場合、スペアパーツの交換のみの対応で、短時間で生産継続が可能になります。

第5章　生産

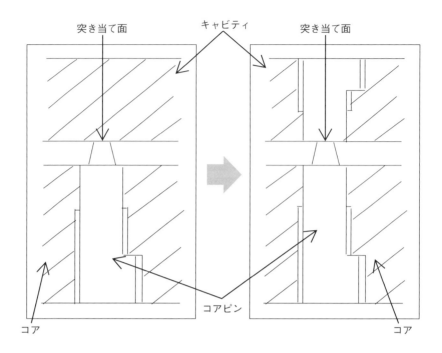

図5.4　改善前構造　　　　　図5.5　改善後構造

・トラブルが少ない金型構造

　量産時は、長時間連続して成形を行わなければなりません。特に、成形部品のアンダーカット形状を処理する金型構造がある場合、常に金型部品は摺動することになります。材質が同質材の場合、カジリが発生することがあるため、アンダーカット構造部には異なる材質を使用したり部品に硬度差をつけることがあります。アンダーカット処理構造部でトラブルの少ない構造の一例を図5.6に示します。

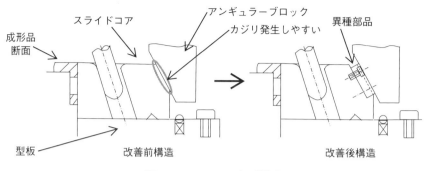

図5.6　スライド金型構造

● 5.2 ● 量産

量産中に陥りがちな失敗

Q（品質）、C（コスト）、D（納期）に問題があるにも関わらず、改善方法、品質管理の考え方が分からずに不良が多発する。また、生産中止の判断が遅れて不良品の山を作ってしまいます。

■ 必要な知識　→品質保証・品質管理、量産認定で行う製品品質保証、初期
　　　　　　　　流動管理の内容

量産試作段階を経て量産が決定しました。いよいよ量産に入りますが、開始直後は部品の生産、組み立てなどは安定せず、可能な限り短時間で安定した生産ができるように対応しなければないない時期があります。

このような対応として、"初期流動管理"を組織的に行い、顧客の品質要求事項を満足できる製品が造り込まれているかを確認します。

作成済の作業手順書内容に従って作業を行いますが、不慣れな作業により不良が発生することがあります。そのために、品質データの収集、分析を行って問題点の抽出、原因究明、改善策の立案、実施・評価を行います。

結果的に、「製品の工程能力の確認」と「QC工程表および検査基準の妥当

性」を確認することになります。このため、初期流動管理は通常、数ロット程度、対象期間を明確にして実施します。

特に、新製品の場合は、過去の実績データがなく、予期せぬ不具合や品質トラブル内容が確認されることがあります。

しかし、決定した日程内で改善対応を行わなければならず、想定される不具合などを事前にリストアップして、その改善対策について事前に検討することも必要です。

目標が達成されれば初期流動管理は解除され、通常の工程管理で対応します。

また、初期流動管理のなかで収集したデータを基に、部品認定、工程認定、さらに、製品認定作業を行います。

製造工程を安定な状態にした場合、その工程が持つ品質達成能力を工程能力といいます。工程能力を把握するために、ばらつきの要因である条件や標準(作業標準)が決められたとおりに維持されている工程から製造された製品、または部品の品質特性を測定します。

測定結果をもとに、工程能力が十分か不足しているかを判断するための評価尺度として、工程能力指数(Cp)を用いて、工程が安定しているか否かの判断を行います。

評価尺度は**図5.7**、**図5.8**のようになります。

Cp	評価	判定
Cp≦1.67	◎	工程能力は十分すぎる。
1.33≦Cp<1.67	○	工程能力は十分満足している。
1.0≦Cp<1.33	△	工程能力は十分とは言えないが、まずまずである。十分な状態になるよう改善する。
0.67≦Cp<1.0	×	工程能力は不足している。Cpが1.33以上になるよう改善処置を行う。
Cp<0.67	×	工程能力は非常に不足している。原因究明して是正処置をとる。

注)◎:優、○:良、△:可、×:不可

図5.7 工程能力評価尺度

Cp=1.67	0.0000006	（10,000,000個中6個）
Cp=1.33	0.000063	（100,000個中6個）
Cp=1.00	0.0027	（1,000個中2〜3個）
Cp=0.67	0.0455	（100個中4〜5個）

図5.8　工程能力評価尺度

工程能力について参考例を図5.9に示します。

部品A		データ					計
寸法値	X	60	59	61	61	59	300
	X2	3600	3481	3721	3721	3481	1800

平方和　$S = \Sigma x_i^2 - (\Sigma x_i)^2 / n$
　　　　　$= 18004 - (300^2)/5 = 4$
分散　　$V = S/(n-1) = 4/(5-1) = 1$
標準偏差　$s = \sqrt{V} = 1$
工程能力　$Cp = (Su - Sl)/6s = 10/6 = 1.67$
　※規格値：60±5
　※Su：上限規格=65、Sl：下限規格=55

図5.9　工程能力計算例

　部品認定、工程認定、さらに、製品認定取得により量産開始が可能になります。また、顧客の承認が必要になりますが、これは、顧客による工程監査を受けるのが一般的です。
　最後に、顧客承認を経て本格的な量産に移行します。これで製品開発が終了とはなりません。
　製品企画時に作成した製品価格、原価、利益などの損益計画に対して、製造原価分析、原価低減活動を進めて利益率の改善を行う必要があります。
　いよいよ本活的な量産を開始します。初期流動管理で顕在化した問題点、改善策を織り込んで作成した標準作業手順書などの各種標準書を参照しながら生

第5章　生産

産を進めます。

　これで量産開始となり、製品が市場で販売されて一連の新製品開発業務は終了となります。

　しかし企業は継続的発展が不可欠です。

　開発、市場に提供した製品の売価は確実に下がります。製品によっては、年率12（％）〜15（％）、下がると言っても過言ではありません、コストは改善努力をしなければ下がりません。戦略的なコストダウン、および部品調達が必要です。造れば売れるとは限りません。企画の確実性が大変重要です。製品の生産段階で品質不具合多発による繰り返しの変更があっては開発効率の低下を招くこととなり、企画段階で作成した販売計画、利益計画を順守することが困難になります。

　不断のコストダウン活動を行うことが重要です。

　コストダウン施策例を以下に記します。
1）プラスチック製品の場合、今回、事例紹介しました『密閉式冷却装置』では、プラスチック成形部品、モーターの電気部品などを使用しています。外部から購入する部品に関しては、次のような施策の検討が必要です。
2）製品の販売動向を分析後、堅調に販売している場合、外部購入部品の所定量の一括購入。
3）金型、樹脂成形品
　①金型
　ア）アンダーカット構造はなくす、または極力なくす。
　イ）形状部は可能であれば、入れ駒に分割して、加工速度が遅い放電加工ではなく、切削加工を多用できる構造にする。
　ウ）生産量にマッチした金型素材の選定。

②成形

ア）サイクル時間短縮

サイクル時間の中で約40〜50（％）を占める冷却時間を短縮します。この実現のためには、成形品の肉厚は極力薄く、また、スプルの直径も可能な限り細径にすることが必要です。

イ）本来、不要になるスプル、ランナを再生材として利用することを検討します。

『密閉式冷却装置』では、性能を向上した新製品をすでに上市しています。**図3.32**（MRS-160、MRS-160-W）に後継機種を示します。しかし、材料、部品など、素材、技術は日進月歩で進化しています。このような動向に注視しつつ、顧客ニーズの実現、潜在化ニーズの顕在化、新技術開発・製品化へと繋げていかなければなりません。

そのためには、プラスチック製品設計者は、自らの担当業務対応に終始するのではなく、業務推進に必要となる周辺技術、関連技術の習得にも邁進していただきたいと考える次第です。

参考文献

1）大塚他6名　：コンカレントエンジニアリングによる密閉式冷却装置の開発、NEC技報　Vol.51　No.9（1998）
2）大塚他1名　：サンドイッチ成形による自社廃プラスチック再生材の活用、NEC技報　Vol.53　No.3（2000）
3）疋島、大塚他　：カメラ一体型VCRの開発・試作、NEC技報、Vol.43、No9、（1990）
4）桝田哲智　：Sanyo Technical Report Vol.18 No1　P46、図4（2011）
5）三菱エンジニアリングプラスチックス(株)、HP
6）シーメット（株）、HP
7）(株)アイ電子工業、製品カタログ
8）(株)ディーメック、HP
9）(株)ミスミ　ものづくりQ＆A 2007 P174
10）NECプラスチック筐体技術設計マニュアル入門編
11）谷正志：日本機械学会、Vol、102、No.965、（1999.4）

おわりに

　プラスチックとの本格的な出会いは、大学院を修了後、金属製品、電化製品の製造・販売、ならびに、OA機器の精密機構部品を製作する金型の製造・販売を行う企業に就職した時からでした。入社間もない新人の金型設計者の時は、上司の指示のもと製品設計データに忠実、かつ正確に金型設計を行うことのみに必死でした。

　しかし製品設計データをもとに金型の設計・製作を行っても、満足する品質の製品を得ることができないことが多々ありました。後から考えますと、原因の多くは製品設計品質が"モノづくり"を考慮した設計になっていないためで、顧客の製品設計者の技術レベルを疑問に思うことがたびたびありました。

　日々、悶々としながら業務対応するなかで、縁あって大手電機メーカのプラスチック製品開発、金型設計・製造技術開発、成形生産技術開発、樹脂材料評価を行う統括部門に転職しました。

　大手電機メーカでは、基本的に製品企画、デザイン、製品設計までは行いますが、部品をはじめとした"モノづくり"の多くは外部協力メーカ、あるいは生産子会社に発注した後、社内に納入する形態が殆どです。そのため、デザイナー、製品設計者、特に新人設計者は"モノづくり"を考慮した設計ができず、後工程の試作・評価、生産準備、生産段階でトラブルを生じることが多々ありました。この経験から、製品開発の上流段階で行うデザイン、製品設計は、製品のQ（品質）、C（コスト）、D（納期）の良否を大きく左右することを再認識し、改めて"モノづくり"を考慮したデザイン、設計の重要性を実感しました。

おわりに

　現在、企業では業務の細分化が顕著になり、担当業務を決められた期日までに正確に処理することが重要視されつつあります。それ故、自らの担当業務の前・後工程の業務に関心を持つ余裕がなくなりつつあります。
　これでは、デザイナーのコンセプト、製品設計者の意図などを"モノづくり"を担当する関係者に正確に伝えることができません。このようなプロセスで"モノづくり"を行っても、設計データに品質不良がある場合、後工程でトラブルを生じ、上司に叱咤激励されながら不具合対応に追われることになります。

　このようなことを回避するためにも、新人設計者には、自らの担当業務に必要な専門技術の習得・深耕を図りながら、周辺の関連技術についても日々知識習得して技術の幅を広げ、製品設計品質の向上を図るとともに、製品開発プロセス全体に亘って関与できる能力を有して欲しいと願っています。本書がその一助になれば幸いです。

著者略歴
大塚　正彦　（おおつか　まさひこ）

技術士(機械部門)

1954年　千葉県に生れる
1980年3月　明治大学大学院工学研究科博士前期課程修了
　大手総合電機メーカ、電子部品メーカなどにて、約32年間、一貫してプラスチック製品開発、金型設計・製造技術開発、成形生産技術開発、樹脂材料評価等、プラスチック関連要素技術開発を担当した後、2012年独立。
　現在、国内、海外(韓国、メキシコ)の中堅・中小企業の技術指導、新製品開発指導、生産性改善指導、品質改善指導、人材育成中。

URL：http://www.omtec5119.jp

(所属学・協会)
・日本技術士会
・型技術協会
・プラスチック成形加工学会
・日本販路コーディネーター協会

初級設計者のための
実例から学ぶプラスチック製品開発入門　NDC 578.46

2015年12月22日　初版1刷発行　　　　定価はカバーに表示されております。

　　　　　　　　　　　　Ⓒ著　　者　　大　塚　正　彦
　　　　　　　　　　　　　発行者　　井　水　治　博
　　　　　　　　　　　　　発行所　　日刊工業新聞社

　　　　　　　　　〒103-8548　東京都中央区日本橋小網町14-1
　　　　　　　　　電話　書籍編集部　　03-5644-7490
　　　　　　　　　　　　販売・管理部　03-5644-7410
　　　　　　　　　　　　FAX　　　　　03-5644-7400
　　　　　　　　　振替口座　00190-2-186076
　　　　　　　　　URL　http://pub.nikkan.co.jp/
　　　　　　　　　email　info@media.nikkan.co.jp

　　　　　　　　　　　　印　刷・製　本　新日本印刷

落丁・乱丁本はお取り替えいたします。　　2015　Printed in Japan
　　　　　ISBN 978-4-526-07486-8

　　　本書の無断複写は、著作権法上の例外を除き、禁じられています。